馬のきもち

HOW TO THINK LIKE A HORSE

私の古くからの友人たちへ捧げる

20年来の素晴らしき編集者であるデボラ・バーンズ
30年来の最高の外乗馬で繁殖牝馬でもあるサッシーこと
サッシー・エクリプス

30年来の寛大な馬場馬でウェスタン馬でもあるジンガーこと
ミス・デビー・ヒル

そして何よりも私の夫であり、35年以上にわたる最高の
友人であるリチャード・クリメッシュ

馬の事をより知りたい。

馬に携わる人間の多くが、馬たちの行動の意外性や不可思議な面を少なからず体験してきたと思います。我々のような乗馬愛好家は、多くの馬に接していく中で、厩舎・洗い場・馬場・パドック等での馬たちの行動を賢いと感じたり、学習してくれないと感じたりしていると思います。いずれにせよ、それは我々の人間の都合や状況に当てはめての評価なわけですが、思惑通りの行動ではないケースも多々あります。
「馬は賢いか否か」この事を議論するのが無意味であることに、この本は気づかさせてくれます。なぜなら馬という生物は、その持って生まれた五感や身体の能力をフルに使って、あたりまえに行動をしているからです。

馬の身体構造、性質、行動や表現、そして馬という動物の一生をこの本はていねいに解説しています。もしかしたらみなさんの悩みを解決してくれるかもしれません。我々のように長年馬に携わってきたものでさえ、科学的根拠を持たずに、経験から馬を見て、そして理解したつもりで調教を行い、また指導をすることもあります。それは長年の経験から漠然と馬を理解したものでしかなかったのではないでしょうか。

プロ・アマを問わず「馬の事をより知りたい」と思っているみなさんにとって、この本は多くの点で解答をくれることと思います。

乗馬クラブクレイン
瀬理町 芳隆

馬の立場で考える。

数多くある馬の洋書の中で、この本が翻訳されることに、私は非常に喜びを感じました。日本において馬の書籍は、獣医学や騎乗技術についての専門書は多いものの、馬の行動や習性について具体的に記述された書籍は少ないのが現状です。そのため、馬との関わり方について未だに多くの疑問をお持ちの方もいらっしゃると思います。人によって馬と関わる経験の違いから得る扱い方や「方法」は様々で、一つの問題に対しても全く違った見解や「方法」を提案される事も多く、その違いに悩んだ経験をお持ちの方も多いのではないでしょうか。しかし、私たちは個々の「方法」の理由を理解することでそれぞれの違いを整理しやすくすることが出来ます。馬とコミュニケーションを図っていく上でも、「方法」を整理する作業は非常に大切なことになります。人との関わり方も同じで「話す」と「伝える」の違いを理解することが重要です。他人から教わった「方法」をそのまま行っていくのではなく、馬の側に立って考え、その事をしっかりと整理し、理解した上で目的を持ち、馬に伝えていく必要があるとこの本は教えてくれます。

本書は著者の実体験をもとに馬の行動や習性をどのように理解していけば良いか、また条件付けの仕組みなどをわかりやすく記述しています。単に馬を扱う手法だけではなく、様々な観点から馬を捉えており、人間にとっては当たり前のことが、馬たちにとっては当たり前でないことが多くあることにも気づかされます。馬とのコミュニケーションを図る上で、私達が少しでも馬の立場で物事を考えることができるようになれば、馬とのより深い関係が築けるのではないかと思います。

最後に著者のチェリー・ヒルと愛馬たちに心から敬意を表します。

ヒロユキ・モチダ・ホースマンシップ
持田 裕之

目次

第1章
馬になる ……… 1
・なぜ馬のように考えるのか？
・馬が必要とすること
・馬が嫌いなこと
・人間と馬
・どのようにして馬と同じ視点に立つか

第2章
馬の感覚 ……… 17
・視覚
・聴覚
・嗅覚と味覚
・触覚
・反射反応
・自己受容性感覚

第3章
馬の身体構造 ……… 47
・季節による変化
・消化器系
・骨格系
・蹄の成長

第4章
馬の性質 ……… 55
・絆の形成
・序列
・オスとメスの争い
・馬の遊び
・好奇心と探索行動
・放浪生活

第5章
ルーティン ……… 66
・馬の体内時計
・隠れ場
・自衛本能

第6章
良い振る舞いと「悪い」振る舞い ……… 76
・馬の気質
・気質と態度
・自然な馬の飼育
・飼育下でのストレス

第7章

馬の一生 90

・ライフステージの特徴
・発育のタイムライン

第8章

コミュニケーション 105

・馬のボディランゲージを読むこと
・わずかな変化
・音声の言語
・どのようにして馬とコミュニケーションをとるか
・音声によるコミュニケーション

第9章

学習 127

・脳
・知的処理
・学習の本質
・行動の修正
・行動の修正テクニック
・学習の反復
・学習の向上

第10章

トレーニング 149

・トレーニングの哲学
・トレーニングの目的
・身体的発達
・トレーニングの内容
・典型的なトレーニング

エピローグ 171

用語解説 175

推薦図書 178

序文

私がまだ幼かった頃、いつも馬と一緒にいることだけでは飽き足らず、馬になりたいとまで思っていました。私は飛び跳ねてみたり、後ろ肢で立ちあがってみたり、馬の様に蹴ってみたり、馬の鳴くまねをしてみたりしていました。初めてのものを見たときには、用心深く歩み寄り、頭を低く前に伸ばして目を近づけて、そして甲高い鳴き声と共に素早く飛び跳ね、そして鼻をひくつかせ、疑問と警戒を抱きながら、匂いを嗅ぐためにもう一度近づいたりしていました。

私は夜の食卓でも、食事を前にして同じようなことをしていたのです。来客があるときには、匂いを嗅いだ後に嘶(いなな)くなんていう大げさな真似はしなかったですが、来客は両親に私のことを、まるで馬のようだと冗談で言っていました。しかし、本当に馬になりたかった私にとっては、その言葉は物足りないものだったのかもしれません。そのようなこともあり、手入れの後、馬のすばらしい香りを残しておきたいがために、手をきれいに洗ってしまわないように気をつけていたりもしました。

両親の心配もあり、私の行き過ぎた馬の真似ごとも小学生の頃には収まりましたが、心の中にはまだ馬になりたいという思いが残っていました。それは今でも同じであり、私の人生は馬を中心にして回っています。

私がこれまでに書いた馬に関する本の中では厩舎や飼料のこと、手入れや馬具のこと、それから蹄のケアや調教や騎乗のことについて扱ってきました。いくつかの本では、馬の管理や調教に交えて、人間と馬のふれあいについても述べてきましたが、今回初めて、馬の生態について丸一冊を費やして述べたいと思います。

私は教員気質ですので、説明の中に事実や詳細な記述を取り入れるようにしています。なぜなら、あなたが私の言葉をただ信じるよりも、本気で取り組めることを提案し、あなたが自分自身で結論を出す際に役に立つ情報を私は伝えたいと思っているからです。馬の行動についての調査には限界があり、様々な意見があるので、私はこれまでに発表されてきたものについて、個人としての解釈を述べたいと思います。

付け加えると、世界中の全ての本と情報は、馬への感覚を高めるのに必要な実体験から得られる経験に取って代わるものではありません。残念ながら経験は個人の問題です。誰もあなたに与えることはできませんし、あなたも経験を買うことはできません。やはり頭で理解するだけでは身につけられないのです。しかしながら、馬に関する知識を手に入れることは、馬の欲求や行動や能力を知る上で、価値のある基礎を形成するのに役立ちます。そのために私はあらゆる人が持つ科学的観点と芸術的観点に訴えかけるような、「左脳と右脳」

を結びつけた本を書いたのです。

事実を説明する以外にも、実践例や逸話を紹介していきます。全体を通して、トレーナー、乗馬インストラクター、講師、馬術競技の審判、ブリーダー、執筆家、フォトジャーナリストとして、これまで馬と関わってきた経験に基づいた私なりの考えを述べていきます。ただ、あなたには広い心を持ち続けていてほしいと思います。他の騎手の話を聞いたり、見たり、読んだりし、それらを取捨選択することで、あなたが必要だと思うものを手に入れて、馬を理解するための感覚を養ってほしいのです。

ホースマンやホースマンシップなどのように、馬と関わる人を描写する用語の多くは伝統的に男性的な言葉です。しかし今日では、馬の所有者の多くは女性です。さらに興味深いことに、新たな調教方法と呼ばれるものの多くが、女性が直感的に動物の調教に向き合う方法に着目したものです。これらはまず男性のホース・クリニシャンから、よりていねいで馬のことを考えた方法として支持されています。女性は男性に比べて力が弱いため、力よりも頭を使って解決しようとする傾向があり、また、大きな課題を小さく分割し、細かい努力や進展として捉える傾向も見られます。

私はここで、全ての男性のトレーナーがせっかちで、支配的に力を使ったり、乱暴なカウボーイのようであったりすると言っているのではありません。才能があり、思慮深さのある男性騎手もたくさんいます。しかし男性は好戦的で権力的になるエゴや男性ホルモンに強く影響されるのです。だから馬の調教に関する考え方の変化を喜びながらも、女性から見れば知っていて当然のことだと思って、密かに笑ってしまうのです。

この本の中で、私はしばしばトレーナーという言葉を、馬に関わるすべての人を指して用いることがあります。なぜなら馬の調教程度や調教内容にかかわらず、私たちは新たな習性を身につけさせたり、すでに身についている習性を弱めたり強めたりするということを常におこなっているからです。このことはあなたが飼い付けをするのか、手綱を取って牧草地で乗るのか、装蹄師として作業をするのかということを問いません。あなたが 調教（トレーニング）しているつもりがなくても、馬はあらゆる場面で学習し、調教されるのです。

私はこの本を通して、あなたが馬の行動を理解するための良いアイデアを手に入れられることを願っています。そこには馬のボディランゲージの読み取り方や馬の周囲での振る舞い方、さらにはトレーニングを計画して実行する際に役立つ知識までが含まれています。調教技術について述べようとすると、もう一冊本ができてしまうほどのページ数が必要になってしまうので、具体的なトレーニング方法については、推薦図書を参考にしてほしいと思います。

Cherry Hill

第1章　馬になる

馬を見ると、私たちの多くはすぐにその美しさや高潔さに見とれてしまいます。しかし、私たちは人間の視点から馬を認識してしまいがちです。だからこそ、馬との触れ合いが始まるまさにそのときに、馬に対して誤った認識を持ちかねないのです。

馬が走り去ったり、後ろに下がったり、噛んだりしたとき、私たちはありのままの事実を見て受け入れるよりも、何が起こったのかを自分なりに考えて納得してしまいがちです。人によっては「馬が私のことを好きではないとは失礼で不愉快だ。」と思うかもしれません。しかし、馬のことを理解している人間からすれば、そのような振る舞いは馬の本質的で自然な行動として納得できますし、実際に馬がそのような行動をとる頻度も減少していきます。それは、あなたが馬をより深く理解するほどに、人間と馬との間での矛盾が生じにくくなるからです。

馬は考えるのか?

それは定義によります。もし、思考が受けた感覚を情報として処理する際に知性を使うのであれば、馬はもちろん考えていることになります。しかし、馬はそもそも思考するのでしょうか?もし、思考が結論に達するために論理的に使われるものであるのなら、馬は一般的には思考をしていないことになります。その代わり馬は観察して素早く反応し、その後に考えるのです。

なぜ馬のように考えるのか?

この疑問に対する答えは馬に関わる人の数ほどたくさんあり、ほとんどの人が様々な理由を答えるでしょう。ここでは特に一般的な回答をいくつか紹介します。

- **馬の視点から世界を理解するため**
- **あなたの近くで、他の馬と一緒にいるときと同じようなくつろぎを感じさせるため**
- **馬を納得させて指示通りに動かすため**

馬に理解できる表現でコミュニケーションをとるため馬はとてもやる気がある協力的な動物であるから、あなたの要求が正しくて可能なことであり、馬があなたを理解して、リラックスしているならば、馬は要求した動きを見事に行うことでしょう。

- **安全のため**

事故の発端の多くは騎手の誤解にあります。あなたが馬のように考えられるほど、馬はパニックになったり、荒々しい反応をしたりすることがなくなります。

- **満足できる平穏な経験のため**

馬と人間の間で物事が上手く進まなくなると、あらゆることがぎこちなくなり、調和が失われます。一方で、物事が上手く進むときには、タイミングの揃った優美なダンスのように調子が合うのです。

- **ストレスを最小限にするため**

私たちの母親が言うように、ほんの少しのストレスは強い個性を形成するのに良いのかもしれません。しかし現実には、あなたも馬もストレスがより少なく、快適で調和のとれた関係を望むでしょう。もし馬と人間の波長が合うのであれば、それは可能です。太極拳の練習の目的には自分が冷静さを失っていることに気がつけるようになることと、それを上手に落ち着かせられるようになることが含まれています。馬を扱うときにもこのことは役立ちます。私たちは自分自身が失敗の一因であることを突き止め、そこから自らが解決の糸口となる方法を身につける必要があるのです。

★ ★ ★

馬が**ストレスに対して示す許容の限界**は、その馬が騒音や運動やトラウマなどのストレスを消化できなくなったときです。これは刺激に対する思考や処理が十分に追いつかないことに原因があります。

本能は先天的なものであり、認識と行動という馬の本質的な営みなのです。

★ ★ ★

- **目標を達成するため**
  馬のように考えることができるようになるほど、馬と同じようなコミュニケーションをとれるようになり、人馬の上達はより早くなります。急がば回れというのは、馬に関して私が最も頻繁に感じることです。

- **しっかりとした自信を持った馬に成長するのを手助けするため**
  あなたが馬の自然な振る舞いと本能をより深く理解して行動するほど、馬の成長から得られる成果は長続きします。

- **両者にとって満足できる関係をつくるため**
  あなたが成功するためだからといって馬が妥協する必要はありません。両者が共に取り組み、満足できる関係をつくることで個々そしてチームとして成功できるように向上できるのです。

- **馬に強制するのではなく、馬の自主性を引き出すため**
  馬の良くない部分を否定して打ち砕く必要はなく、むしろあなたに理解があれば、必要なことを与えることで、その馬が可能性を開花させる手助けができます。

- **動物に対する感覚の理解を深め、より良い人間になるため**
  馬と一緒に運動に取り組むことで、身体面や感情面、知能面、そして精神面というように、多面的に多くのものを得られます。あなたはより深い思いやりの心を持ち、より健康で、より注意深い人になれるでしょう。

上に挙げたように様々な考え方があります。ですが、馬の気持ちになり、馬のように考えることの最大の理由は、あなたの行動が馬の精神状態を保つ助けになるからです。そして、それが私たちを馬へと惹きつけた理由であるのかもしれません。

馬と同じように考えることで、より簡単に馬と交友関係を築けるようになる。

失われることのない熱意

1973年、大学卒業とともに、数頭の馬を調教する機会と、他のトレーナーの調教を観察する機会を得ました。しかし、そこで従来の調教には何かが欠けているように思えました。ほとんどの調教が力と人間の優位性に頼ったものに見え、あらかじめ決められた30日間の手順に沿って行わわれている作業にしかみえませんでした。私はそれぞれの馬が必要とするものに的を絞り、一頭一頭の馬に合ったより良い調教をしたいと思うようになりました。

私は調教の仕事を始めたとき今も失われることのない熱意を持ち始めました。私は他の調教師（トレーナー）と同じ料金で、他の調教師の2倍の仕事を提供していました。私の月収は地元のトレーナーと変わりませんでしたが、30日間の調教を頼みに馬を連れてきた人に対して、2つの条件をつけて引き受けていました。まず、少なくとも60日間は馬を預けること。他のトレーナーなら60日分の預託料を請求するでしょうが、私の場合は30日間の調教分だけを請求します。そして二つ目は、私が馬をオーナーに返す直前、つまり馬が帰るまでの1～2週間、オーナーが私と一緒に調教に取り組むことを求めました。

その頃は調教の合間に様々なことに取り組んでおり、それが全ての馬と多くのオーナーに喜ばれると考えていました。もちろんオーナーの中にはとても急いでいる人もいます。他の多くの若いトレーナーと同じように、私に調教を託された馬のほとんどが、すでに乗用馬としての道を歩みながらも、悪癖を身につけてしまった馬たちでした。望ましくない癖を取り除くことは、馬を一から適切に調教していくことよりも時間がかかります。その上、問題のある馬の多くが心に傷を負っています。私が預かった中には、精神的に混乱している馬や興奮している馬、体に傷のある馬やみすぼらしく痩せ細った馬もいました。

馬の目を少し覗き込み、輝きを失った心の中が見えたとき、馬を再び元気づけるのは難しいことで、不可能かもしれないということに気がつきました。そこで私は決して馬を狂わせるようなことはしないと誓い、馬が精神的に引きこもってしまう理由や原因を知りたいと思うようになりました。

私の役割は指導者や教育者として徐々に広がり始めました。そして私は馬のために、少しでも何かをより良く変えたいと思ってこれまで人々を指導してきました。

馬が持つ多くの習性は、数百万年にわたる群れでの放浪生活の中で発達した本能に由来する。

馬が必要とすること

馬が何を好み、望み、そして必要とするかを知り、馬が何を嫌い、望まず、そして必要としないかを知れば、より馬の気持ちに寄り添えるでしょう。このことは、後でより詳しく論じるとして、まずは概略から始めていきましょう。

野生の馬と飼育されている馬のどちらについても、話す内容は同じです。今日私たちが扱うほとんどの馬が飼育下で生まれてきていますが、野生の馬が本来持つ本能はまだ彼らの習性の基礎をなしています。飼育されている馬も、野生であった頃の祖先と同様の欲求や恐怖、先天的な習性を持ちますし、彼らの身体的構造はここ数千年にわたって大きく変化していません。

馬が必要とし、求めることは以下のように順位づけられます。

1. 傷つけられたり捕食者に襲われたりすることを避けるための自衛本能
2. 生存のための食事や水飲み
3. 出産
4. 社会性とルーティン

自衛本能

馬は被捕食者として、犬科や猫科の動物そして人間などの捕食者に対して用心深く行動することで生き残ってきました。そのため馬は警戒心が強く、用心深く、また高度に発達した逃走反射を持ち、脅威に際しては戦うこともあります。

馬は追いかけられることや追い詰められることを嫌い、群れで安全を作り出す社会性を持った生き物です。どこへ進むべきか、どんな景色や音や匂いが危険を意味するのか、どこに食料と水があるのか、そして危険が差し迫ったときにどのように脱出するか、ということを馬は本能的に身につけています。残念ながら馬にとって人間は最大の捕食者です。それでも馬は強い自衛本能を克服し、私たちを信頼するようになります。

野生の馬は、過酷な天候や害虫からの隠れ場を求めます。飼育されている馬には安全に暮らすための快適な場所が提供されるべきでありますが、雨や雪が降ってきたからといって、ただちに馬房に閉じ込められることは望みませんし、必要もありません。しばしば馬は馬房や柵の中よりも、むしろ開けた場所にいることを望みます。

本書の後半で紹介する、馬の感覚や反応、行動パターンなどの多くのテーマは、生存に必要な自衛本能と結びつけられます。

私が初めてワイオミング・レンジでこの仔馬に近づいて行ったとき、この仔馬は二本の肢を動かして、頭と尾を持ち上げ、今にも逃げようとしていた。

食事の必要性

世の中、そう甘くはないのです。というのも、確かに馬はあなたを愛してはいますが、それはそれであり、かわいがられることよりも食事の方がもっと重要です。自然界において、馬は1日の12時間から16時間を食事に費やし、干草に換算して11kgから14kgの野草を食べます。ちなみに野草には、自生する草やイネ科の牧草が含まれます。ただ、これは常に動き回っている野生の馬の場合です。飼料を与え続ければ、飼育されている馬も1日に16時間を食事に費やすかもしれませんが、当然それほどは必要ありません。エサの量を管理しなかった場合、馬は食べ過ぎて具合が悪くなるでしょうし、特に穀物やアルファルファが含まれている場合はなおのことです。

あなたは馬の食事量を制限できますが、馬は強い食欲を1日に何時間も感じます。この食欲は茎の長い乾草を与えることで満足させられます。私は常に厩舎に4種類以上の乾草を置くようにしています。その中でも硬めの乾草は、十分に成長したイネ科の乾草であり、食物繊維が多く、タンパク質とエネルギーが少なく、1日の食事量で馬を満足させるために手軽に利用できます。食物繊維を適切に満たされていない馬は、敷き藁を食べたり、木や他の馬の

私が前に進むことをあきらめ、静かに立ち止まると、やがてその仔馬はリラックスし、好奇心を持ったのか、頭を低く前に伸ばし、尾を下ろして、地面に肢を落ち着けた。

たてがみや尾を噛んだりするかもしれません。

イネ科の飼料は少なくとも1日に3回、1日あたり馬の体重の1.5%から1.75%の重量を与えると良いでしょう。これは体重が500kgの馬には7.5kgから8.75kgの乾草を、1日3回以上に分けて与えることになります。もしイネ科が混生した牧草地を利用できるのであれば、牧草を食べる様子に注意を払いながら、数種類の乾草を与える代わりに放牧できます。成長や繁殖、激しい運動によって必要な場合を除いて、アルファルファや穀物を与えることは

馬の食事は何回に分けるべきか？

実際に飼料を与える頻度ごとの反応を観察するため、実験には5週間かかります。

1週目：馬に1日に1回、食事量すべてを与える。

2週目：午前6時と午後6時というように、12時間の間隔を空けて1日に2回与える。

3週目：午前6時、午後2時、午後10時というように、それぞれ8時間の間隔を空けて1日に3回与える。

4週目：午前6時、正午、夕方5時、午後10時というように、5時間から6時間の間隔を空けて1日に4回与える。

5週目：イネ科の乾草を自由に食べられるように与える。午後10時から午前8時、正午から午後6時までというように、馬が1日に16時間自由に飼料を食べられるようにする。

それぞれの場合について、以下の点に注目してほしいと思います。

1 **馬は一度に全ての飼料を食べ終えたか？**
自由に飼料を食べられる場合を除いて、馬は与えられた飼料全てを2時間以内に平らげてしまいます。もし飼料が残っていたとしても、それらは踏みつぶされていたり、汚されてしまっていたりします。

2 **馬は食べるのにどれほどの時間を費やしたか？**
理論的には、馬は与えられた量を1時間から2時間以内に食べます。

3 **馬はいくらか飼料を残したか？それは捨てられていたか？それとも戻ってきて後で食べ終えたか？**
もし次に飼いつける際に飼料が残っていれば、その飼料は傷んでいるか、馬が満腹になっているかです。もし馬が飼料を半分ほど食べた後に水を飲みに行ったなら、5分ほどの休憩を挟んで再び食べ始めます。これはごく自然なことです。

4 **馬が次にあなたを見つけたときに、騒いだり、前掻きをしたり、威圧したり、どれほど熱心に食べ物を求めたか？**
食事の時間に積極的になる馬は、あまりにも飼料の量が少ないか、頻度が少ないか、もしくはあなたを下に見ているかです。

5 **それぞれの飼料を与えるごとに、馬の満足度を10段階で評価する。**
食事は馬の最優先事項の一つであるため、飼料を与える時間と全体の満足度は大きな意味があります。最も高い満足感を与えることができる方法を知れば、どの頻度で飼料を与えるのを馬が最も好むのかを知ることができます。

この実験では、馬がそれほど食事を重要だと見なしているかということだけでなく、馬が生活リズムの変化にどのように反応するかについての良い考察を得ることができます。

避けるべきです。私は離乳したばかりの馬や1歳馬に対しても、穀物はわずかしか与えません。

隣の芝生はいつも青い。

健康な放牧

馬を飼育する際の放牧管理は、馬の欲求と馬にとっての必要性、そして土地の適切な利用との間で繊細にバランスを保つ必要があります。馬と牧草地に関する詳しい説明は、『Horse Keeping on a Small Acreage』第2版で述べています。

もし馬に自由に牧草を食べさせたら、多くの場合、最後には食べ荒らされた牧草地と食べ過ぎた馬が残ることになるでしょう。土地の能力と馬の生来的な食事量と健康とを保持するためには、牧草の成長を観察し、放牧を管理する必要があります。

自生している牧草や栄養価の低い牧草は馬の体を丈夫にしますが、栄養価の高すぎるアルファルファなどの牧草は、肥満や疝痛、蹄葉炎を引き起こす原因となることがあります。綿をつけるセイヨウタンポポや棘のあるアザミなどの雑草を馬が元気に食べていたら、私たちは驚くことでしょう。馬は他に食べるものがなく空腹な場合を除いて、有害な植物を避けて食べる傾向があります。馬の先天的な知恵と匂いや味に対する鋭い感覚は、普段から何が健康的な食料で、何がそうでないのかを見分けるのに役立っています。

清潔な水がいつでも飲める状態にあること

馬は1日に5～6ガロン(19～23L)の水を飲みますが、夏場はもっと多く、冬場は少なくなります。馬は繊維食物を摂取した1時間

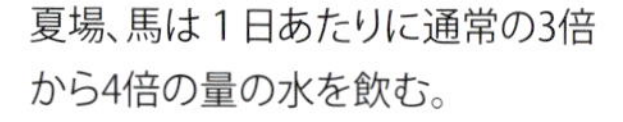

夏場、馬は１日あたりに通常の3倍から4倍の量の水を飲む。

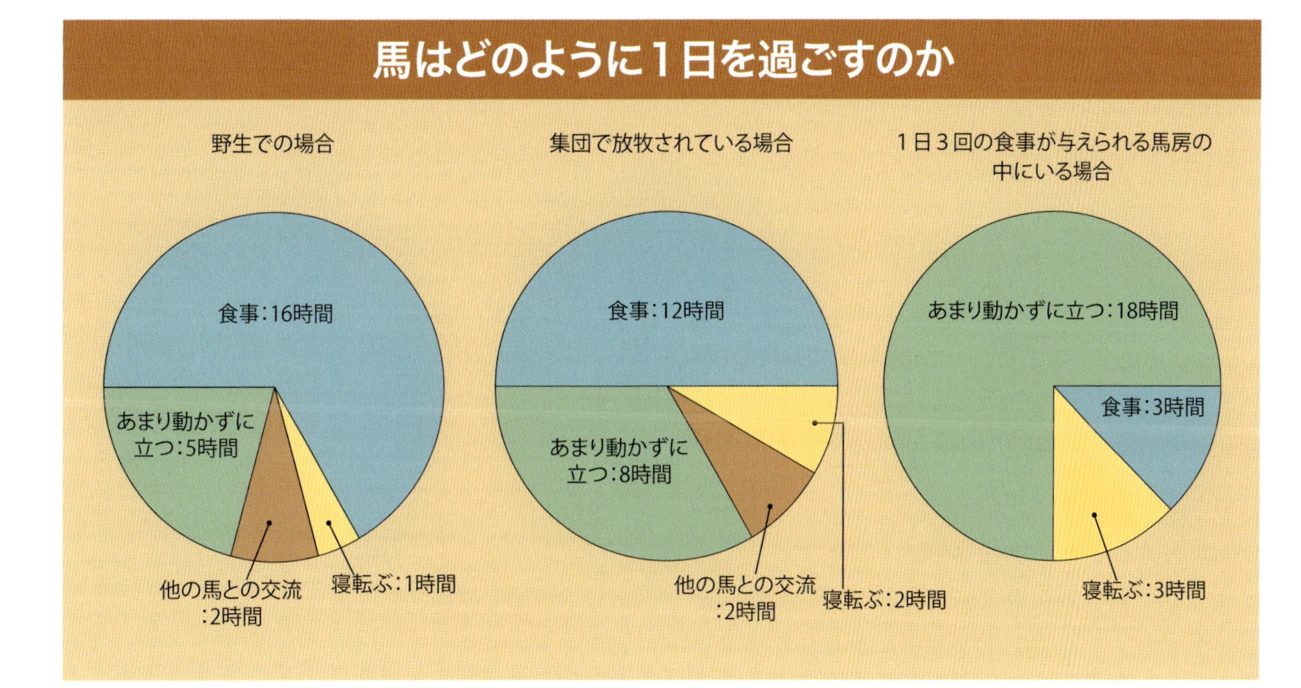

後に水を探し求めます。

馬はお湯を必要とせず、温かい水よりも冷たい水を好みます。氷点下を下回る冬の間も、小川や池や水桶の上に張った氷を取り除く必要はあるものの、ほとんどの馬が冷たい水を良く飲みます。

厩舎では加熱のし過ぎや漏電に気をつけながら、凍結防止バケツやタンクヒーターを使えます。私は馬が泉や小川で飲むときと同じように、バケツや桶からも澄んだ天然の炭酸水や新鮮な湧き水を自由に飲めるようにしています。

必要な塩分やミネラル分

季節や活動量、それぞれの新陳代謝に応じて、馬は電解質を補給するための塩分やミネラル分を必要とします。野生の馬は時々天然の塩やミネラルの蓄積物を見つけて摂取します。飼育されている馬には、塩化ナトリウムの純粋な白い塩とミネラルを少量含む赤い塩、そして可能ならばカルシウムとリンの補給が自由にできるように、ブロックで与えるのが良いでしょう。そうすれば自分に必要なものを馬自身が選べます。

糖蜜を多く含むブロックは避けた方が良いでしょう。馬によっては数日で食べてしまい、塩分を過剰に摂取してしまいます。

★ ★ ★

電解質はナトリウムやリン、カリウムやマグネシウム、他のミネラルなど、身体の様々な機能に必要なイオン性塩を意味する。

★ ★ ★

出産

当然のことながら、野生の馬は種を維持することに精力的です。飼育されている馬であっても、性衝動や性行動を伴い、飼育する上で切り離すことはできません。この本ではブリーディングについては扱わないので、178ページの推薦図書の一覧を参照してください。ですが馬の飼育や扱いにも関わってくるので、群れにおける雌雄の役割と生殖に関わる特性について述べたいと思います。

社会化とルーティン

馬は安全と社会化のために群れを形成します。馬にとって集団の中は安全に感じられ、実際に安全でもあります。できれば馬は集団で放牧するのが望ましく、それができない場合には、他の馬の近くにいることや見ること、声を聞くことができるように設備を整えると良いでしょう。馬は馬以外の動物や人間とも友好関係を築くことができます。

馬は自らのルーティンに従って毎日過ごすことを最も好みます。馬は飲み食いをしながら隠れ場や安全な場所を探し求めて放浪する動物として進化してきたため、運動を好み、歩き回ったり、日常的に軽い運動をしたりする必要があります。馬は閉じ込められると、運動したり危険から逃れたりすることができなくなるため、不満を抱き、パニックに陥りかねません。馬の飼育には日常的な運動と安全な馬房が必要になります。

馬は習慣に依存する動物なので、食事や水飲み、休憩、他の定期的な運動を決まった時間に行うことを好みます。これは消化を促進し、精神的な満足感を与えます。より深い内容については、第5章の「ルーティンについて」を参照してください。

★ ★ ★

社会化とは、個体やその振る舞いが、同じ種の他の個体との相互作用を通じて広まることを指す。馬は自然の中では「**群**(ぐん)」と呼ばれる小さい集団で暮らしている。野生では、メス馬の子育てをする群れを「**ハレム型家族群**」、オス馬だけで成り立っている群れを「**独身オス群**」と呼ぶ。

★ ★ ★

馬が嫌いなこと

馬には嫌いなことがたくさんあります。中でも最も嫌いなことは、食事を中断されたり、安全が脅かされたりすることです。

- 馬は恐怖を感じることが嫌いです。馬が脅威を感じたり、混乱した状況を解決できなかったりすれば、恐怖に陥ってパニックになりかねません。
- 馬は身体的な痛みを嫌いますが、しばしば私たちはその寛容さに驚かされます。強く引っ張られた銜(ハミ)や合っていない鞍に対しては、当然ながらそれを排除しようとします。しかし、未熟であったり無知であったりする人間から受ける痛みの多くには甘んじて耐えてくれます。

- 馬は矛盾が嫌いです。予想が当たることを好み、ある一つの行動に対して人間から毎回同じ反応を得られることに満足します。今日はある扱われ方をされ、また別の日には同じ行動に対して別の扱われ方をされると、馬は混乱し欲求不満になります。
- 馬は驚くことが嫌いですが、これについては寛容になります。車のバックファイアや銃声、ダイナマイトの爆発のような大きな騒音や、ビニールのカサカサ音のような奇妙な音、近くで傘が開くような突然の動きには驚く反応を見せ、強く怯えることもあります。
- 馬は束縛されることや制限されることが嫌いです。なぜなら束縛や制限は馬から逃げる手段を奪うからです。それでもすぐに寛容になり、怖がらなくなります。あなたが馬を繋ぐときや腹帯を締めるとき、馬房や馬運車に閉じ込めるとき、これらの行動はすべて馬を制限することになります。
- 馬は孤立することを嫌がります。本来群れで生活する馬にとって、一頭でいることは楽しいことではありません。しかしこれもまた、克服し適応できるようになります。
- 馬は追いかけられることが嫌いです。被捕食者である馬にとっては、犬や猫や人間はすべて捕食者です。馬を捕まえようとするとき、逃げ去る馬を歩いて追い続けたとしても、馬に対して、獲物をつけ回す捕食者という印象を強く与えてしまいます。

★ ★ ★

馬にとって**怯える**（おびえる）とは、脅威に感じるものや状況に遭遇したときに、跳ねたり走ったりすることを意味する。

その場で怯えるとは、肢を動かさずに怯えている様子を見せることであり、**驚きの反応**とも呼ばれる。

抑制とは、心理的、物理的、化学的方法を用いて、動いたり前に出てきたりできないようにすることである。

★ ★ ★

人間と馬

一般的に、人は物を物理的に支配する欲求を持ちます。私たちが持つ最も強力な道具である知性は、良いリーダーとして馬を手懐ける際に役立てられます。馬は生来的に良いリーダーに従うため、一緒にいる人間を映す良い鏡になります。馬の振る舞いや行動は、人にどのように扱われているのか、その人が受動的な人間なのか、独断的な人間なのか、それとも積極的な人間なのかということに影響を受けます。

受動的なトレーナーは、馬に行動を選ばせます。人間と未調教の馬の触れ合いの初期において、馬が感じる脅威はより少なくなる

恐れていない状態：ブルー（右写真の馬の名前）はパリパリと音のするオレンジのプラスチックを横断する間もリラックスし、自信を持って歩いている。

ため、これにはいくつかのメリットがあります。しかし、調教が進んでもなおトレーナーが受動的であり続ければ、馬がそのトレーナーを尊敬することはなく、不審に思いかねません。受動的な人間は漠然としているので、馬はその人が何を考えているのかと訝しがってしまいます。

独断的なトレーナーは率直で自信があり、自分の考えを馬に考えさせます。もし、独断的なトレーナーの調教が公正で矛盾のないものであり、馬を安心させられるのであれば、すぐにそのトレーナーを尊敬し、信頼するでしょう。

積極的なトレーナーは何事にも勝ちに行こうとします。しばしば自分を優位に感じるため、馬よりも自分の要求や必要性を優先させてしまうでしょう。また、最終的な目標を高く掲げがちであり、そのために馬を急がせたり、感覚を研ぎ澄ます代わりに力に頼ってしまったりすることがあります。

人間としての特性

あなたが他の人間の行動を理解しているのであれば、馬と上手くやっていくことができるでしょう。人間が持つ特徴のいくつかは馬の振る舞いに合いますが、それ以外はほとんど合いません。では、私たちの持つどの特徴が馬と合うのでしょうか。

とても大きく、ときに危険な生き物である馬に対して、人間は様々な方法で反応します。人間は他者や生き物に対する支配欲を持つため、馬とつきあう中で強い態度が表面に出てしまうことがあるかもしれません。普段は温和な人柄であっても、馬を怖がったり自己防衛過剰に陥ることで、強い態度をとってしまう人もいます。特に初心者の中には、自分が馬に言うことを聞かせられると示さなければならない、と感じている人がいます。これは他の人に見られている場合に顕著です。たとえば男性の場合、力比べの度を越すと、「何が何でも、俺はこの馬をこの馬運車に載せてみせるぞ」というような態度になってしまいます。エゴと男性ホルモンと恐怖、この3つは実に良くない組み合わせかもしれません。

残念なことに、動物を尊重せず、その寛大な性質につけ込んで、不公平で無慈悲な扱いをするオーナーもいます。そのような人たちはこの本を読むこともないでしょうから、そのような扱いをした場合の関係性については論じません。ですが、馬に対する極めて未熟で鈍感な扱いや調教が、あたかも良い乗馬技術であるかのように正当化されているかもしれないということには、気をつけていてほしいのです。

危険な争いを避けるためには、自分がエゴを持っていることを自覚し、それが健全な範囲であるか見定める必要があります。もしそれが大きくなりそうだったら、厩舎へとまっすぐ向かう前にエゴをどこかに置いてくるか、いっそのこと心の調整や総点検の日にしてしまうのも良いかもしれません。もちろん馬のケアや調教に関しては、当然プライドが必要になることもあります。そして、それは健全なエゴの印でもあるのです。

タイムスケジュールに沿って生活している現代人は、常に結果を、それもすぐに求められます。そして私たちは、馬を完璧にするために何を買うべきか、何をするべきかを急いで知りたがるでしょう。実際にはそのようなものなどは存在しません。あなたが馬に身を捧げた分だけ、あなたは見返りを受け取るのです。

恐怖心の克服

馬を知るということは、人が馬に怖がられている訳ではないと知り、理想的な主従関係が、公平で尊敬されるリーダーシップによって形成されると気がつくことです。馬を怖がる人は馬を全く避けている人か、馬に囲まれたときに身動きがとれなくなるほどに臆病な人かのどちらかでしょう。中級レベルのレッスンを受ける年配女性が、人馬を傷つけはしないか、指導者に批判されはしないか、と恐れて完全に体をすくませてしまっている状況を目にしたことがあります。彼女のような消極性は強い態度よりも安全に思えるかもしれません。しかし、そのような消極的な場合、馬と共に運動に取り組んだときに、効果的に体を動かすことはできません。騎手の動きと馬の反応がひとつながりであれば、軽快で巧みな人馬の動きを作り出せ

私はサッシーとの段階的なトレーニングの中で、危険なことをするように求めたことはない。そのため、サッシーは私を信頼し、自身の生まれ持った恐怖心を自ら克服して、銀色の輝く防水シートの上を歩くことができるようになった。

★ ★ ★

慣用句として**ニアサイド**(近い側)というのは馬の左側を意味し、**オフサイド**(遠い側)というのは右側を意味する。

★ ★ ★

るでしょう。秘訣は、単純で上手にできる内容から取り組むことで、自分にも馬にも決して過度な要求をしてはいけません。

もし人が馬の動きを怖がれば、馬は自由放任となり、人と馬との関係が逆転してしまいます。これは容易に危険な状況を作り出すでしょう。私には一人の友人が思い当たります。その小柄な女性は馬が3頭放牧されている自分の牧草地を歩くことを日課にしていました。はじめの頃、彼女は馬を少し怖がっていましたが、それでも馬と友たちになりたかったので、ポケットからおやつを取り出すことで馬が喜び、仲良くなれるだろうと考えました。２日目までは良かったのですが、３日目には、馬が彼女に近づいてきて、おやつに食いつくようになってしまいました。自分で作り出してしまった危険な状況によって、この友人は恐怖心を抱くこととなってしまったのです。

他にも、馬をまるで人間の赤ん坊やペットの犬のように扱う人がいます。これは人間の視点だけで馬を見た、危険で不適切なことです。そもそも馬は我々人間と同じようには考えません。もしあなたの夫や母親や親友と同じような反応を馬に対して期待しているのであれば、あなたは落胆し悩むでしょう。それは馬にとっても同じです。また仔馬を大型犬のように見なして、あなたに飛びついたり手荒に戯れようとしたりしてくることを許していたら、何倍にも大きく成長したときに危険な目に遭ってしまいます。馬はあくまでも馬であり、馬として扱われることに最も満足するのです。

馬は馬であり、人間やペットとは違う。おやつを手渡していたら、すぐに馬はわがままな子供のように言うことを聞かなくなってしまう。

どのようにして馬と同じ視点に立つか

馬と同じ視点に立つためにまず必要となる重要な前提条件は、単純なことですが、あなたがそれを持ち合わせているか否かに関わってきます。それは馬に対する深い愛情と尊敬、そして畏敬の念です。これらはあらゆることの土台となります。もし、あなたが一緒に課題に取り組むお気に入りの馬がいるのであれば、それは大いに役に立ちます。興味深いことですが、私の牧場を訪れて7頭の馬を見た人の多くに、どの馬がお気に入りなのかと聞かれます。でも、私はどの馬も気に入っているのです。それらの馬と運動をするとき、どの馬も私の最高のパートナーであり、私は特徴的な性格を見て、その馬の表現方法を楽しんでいます。

私は人々が自分の馬を「ろくでなし」とか「バカなやつ」などと呼んでいるのを聞いたことがあります。たとえ馬が人間の言葉を理解できなくても、変化や態度に表れるのは間違いありません。それ以上に問題なのは、オーナーが馬に対するそのような考え方を強めてしまうことです。馬の考えを知ろうとするためには全く不適切だと言えるでしょう。

もしあなたが生まれつき馬に対する思いや、前向きな考え方を持っているのであれば、良い関係性を築く素質を持っています。あとは生涯をかけて馬との相互関係を深め楽しむことです。できる限り多くの馬と、できるだけ頻繁に、できるだけ幅広い種類の運動をするべきです。そうすれば馬を知ることができます。より深く取り組むほどに、馬の感覚や理解、感情やタイミングをもっと理解できるのです。

読書やビデオの視聴や講習会への参加も、あなたを正しい方向に導くでしょうし、実用的な感覚を向上させる経験にもなります。感覚は何をいつするべきかを判断するのに役立つ感受性と洞察力、そして理解力です。感覚をすぐに向上させられる人もいれば、時間がかかり、習得のためには人間性を大きく見直す必要がある人もいます。

感覚やタイミングを向上させるにあたって、精神的、感情的な壁が立ちはだかることがあるかもしれません。また、そのような状況を受け入れるというよりも、むしろ強引に何かを行おうと躍起になっている人を見たこともあります。しかし困難の打開を経験できれば、それはとても大きな糧となるのです。

あなたが馬の考えを読み取ることを学ぶほど、耳の動きや馬体の真直性、頭頸（とうけい）の低下や馬体の傾きや透過性（スルーネス）、呼吸の変化や唇・口の緊張の変化、そして銜（ハミ）を舐める感触など、わずかな前向きな合図に気がつけるようになります。注意を払ってい

馬と一体となるためには、感覚を発達させる必要がある。感覚は注意力や率直な判断や技量から生じ、これらはタイミングやバランスといったものを発達させる。

れば、すぐにこれらのことが何を意味するのか理解できるようになるでしょう。ボディランゲージについては第4章と第5章にも記してあります。

馬への対応を身につければ、人馬のコミュニケーションを発展させることができ、馬を活気づけることも抑制することもできるようになります。「よし」などの褒め言葉や、圧迫を弱めたり馬から一歩離れたりするボディランゲージを使えば、馬の動きを継続させるように教えられるようになるかもしれません。もちろん、近づいたり、動くそぶりを見せたり、身振りを使ったりすることで、馬の行動を抑制することもできます。

馬が抱いた疑問への理解

あなたが馬のことを理解していれば、馬は良い馬でいてくれます。ですから、彼らが突然普段と違う行動をしたときには、おそらくそこには何か明確な理由があると考えられます。そのためにも馬が抱いた疑問に対して理解しようとするべきです。彼らはあなたが気づかない何かを感じたり、あなたが影響を受けることのない心身への刺激を体験したりしているのかもしれません。

私は、ある馬が普段と違う振る舞いをしたとき、それを馬の習性のためだと考え、悪い癖だとは考えません。そして何が起こっているのか見つけ出すために、天候や周りの環境、馬の様子を見ます。写真はアリアが首をかしげ、別の方向を熱心に見ている様子です。馬が気にしているものを見たり聞いたりすることは私たち人間にとってしばしば難題ではありますが、このときはかすかな音が聞こえ、いくつかの動きが見え、まるで自分が少し馬に近づいたように感じたのです。

第2章　馬の感覚

馬特有の思考様式や行動様式は、身体的な特性によるもので、何をいつ行うかを決定する、生まれつき備わった行動パターンを持っています。これらを理解することは、馬の性質や心理を考える上で大いに役に立ちます。

馬は警戒すると、耳を前に向けて頭を上げ、顔を前へ45度傾けて突き出し、鼻腔を広げて積極的に空気を嗅ごうとします。敏速で警戒心の強い馬は、遠くや近くを見るために頭の位置を動かすでしょう。

視覚

馬の目

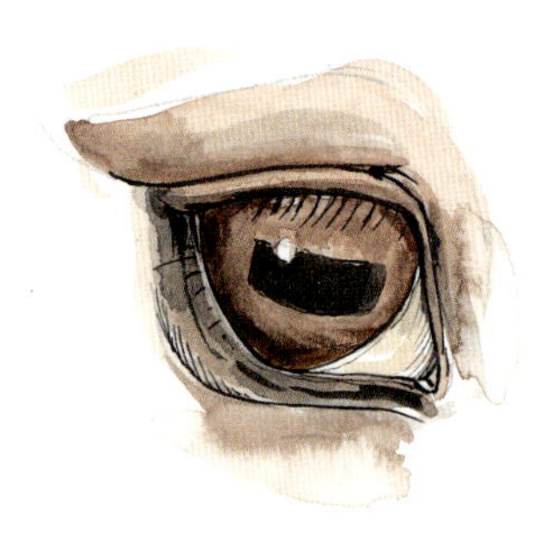

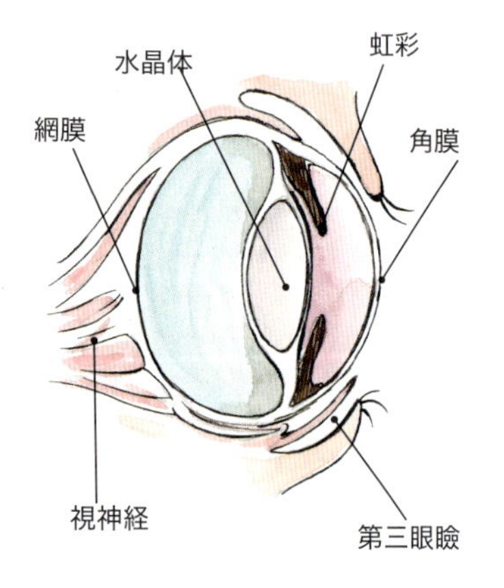

馬の目の構造は他の多くの哺乳類と似ています。しかしその大きさは、クジラや象を含めた全ての生物の中で最も大きいと言っても過言ではなく、人間の2倍もの大きさがあります。

馬の視覚は私たちのものとは大きく異なります。人間は頭の前面に目がついているため、180度の視野を両眼で見ていますが、馬の目は頭の両側に位置するため、他の被捕食者動物と同様に広い周辺視野を誇ります。馬には両眼視のときと単眼視のときがあり、単眼視では左右の目で異なる視野を持つため、馬はそれぞれの目で前後左右を見ています。目の大きさとその位置のおかげで、片側だけで130度から140度の視野があり、単眼での視野は左右を合わせて260度から280度にもなります。

両眼視ではそれぞれの目で像が結ばれ、それらが重ね合わさることで一つの立体的な絵になります。両眼視を効果的に使うために馬は、頭や頸を自在に動かします。馬の場合、正面に75度から95度の両眼での視野を持ちます。両目の視野を全てつなぎ合わせると、5度から15度の死角を除いて、多くの場合において345度から355度の広い視野を持ちます。

馬は草を食べるとき、常に頭を左右に動かすことで、実質的に視野を360度に保っています。馬自身の細い下肢によって後方への視野は妨げられてしまうため、後方を見るためには草を食べながらわずかに頭を動かさなければなりません。

目が頭部の両側に位置するため、草を食べている馬はほぼ360度を見渡せる。

馬は主に単眼視で物を見るため、全てのものを馬の左右それぞれの眼で見せる必要があります。馬が片側で見て理解したものが、自動的に反対側でも認識されていると考えてしまってはいけません。日常的に馬の両側から作業することが必要なのは、このためでもあります。

馬は人間よりも遠くを見ることができます。対象物が馬の両眼の視野に入るように、まずは遠くから馬を近づけて行き、様子を観察してみてください。近づけていくと、対象物を通り過ぎる数歩手前で馬は急に驚き、首をかしげ、体の向きを変えて正面から見ようとするでしょう。この地点が、対象物が両眼での視野から消え、左右どちらかの片眼での視野に入る場所であり、馬が不安になりかねない距離となります。人間も遠くでも近くでもない距離にあるものを見るときに、見え方が不明瞭であったり、視界から外れていたりすることがあり、推測に頼らざるをえないことがあります。馬の行動から判断しても、馬にも視覚で捉えるのが苦手な距離や位置があると考えられるでしょう。

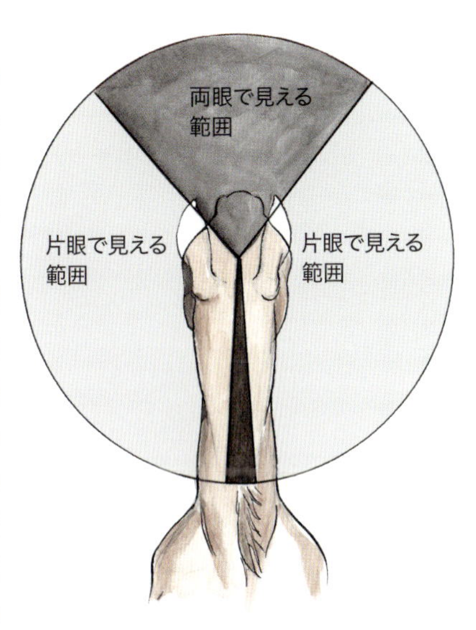

馬は他の被捕食者と同様に、両眼視と片眼視で見ることができる。

あなたが馬に乗って地面に置かれた対象物に向かって進むとき、手綱の長さによっては、その4歩ほど手前に近づくまで、馬は対象物へと視線を向け続けられます。ですが、それ以上先に進

最初、この馬はレインコートを両眼で見ている。馬が対象物を通り過ぎるとき、馬は右目だけでそれを見ることになる。対象物がある視野から別の視野に移るときに馬は最も驚きやすい。馬が周囲を見やすいように騎手が手綱を緩めてやれば、馬が驚くことはない。

むと、対象物は視界の不明瞭な部分や死角に入ってしまいます。その地点をまさに越えようとする瞬間や通り過ぎようとする瞬間に、馬は見やすいように頭の位置を変えようとするかもしれません。また、頭を下げて項から頸を曲げ、頭を片側に傾けようとするかもしれません。これらの動きは、手綱が短く強く持たれているとできません。そのため、手綱を強く握られた馬は怯えたり混乱したりしやすいのです。

馬は視界の周囲の動きに注意深い一方で、実際には周辺視野が弱いため、はっきりと焦点を合わせられません。急な動きや不自然な動きによって振り向いたり、視線を向けたりします。ですから正面と両側の異なる視野の中で動くものに対して、馬を慣れさせる必要があります。飼料袋を馬の周囲で動かすような訓練をすることで馬は徐々に慣れていくでしょう。詳しくは第９章を見てください。

視野の周囲で動くものに対してシーカーを馴らすために、リチャードは馬の前後左右で紙の飼料袋を揺らしている。

馬の視覚的観念

馬が自分の後ろ側や背中側にあるものを怖がる理由の一つが、脳裏で繰り返し再生され続ける視覚的観念です。それは「馬が平穏に歩いているときに、捕食者がどこからともなく走ってきて、馬を追いかけ回し、肢や脇腹に噛みついて馬を倒す」というものであったり、「馬の死角に潜んでいたクーガーが岩や木から飛び降りてきて、キ甲に掴み掛かる」というものであったりします。私たちが肢を持ち上げたり、死角である背中に座ったりすることを、安全なこととして納得させる必要があることは、当然のことと言えるでしょう。

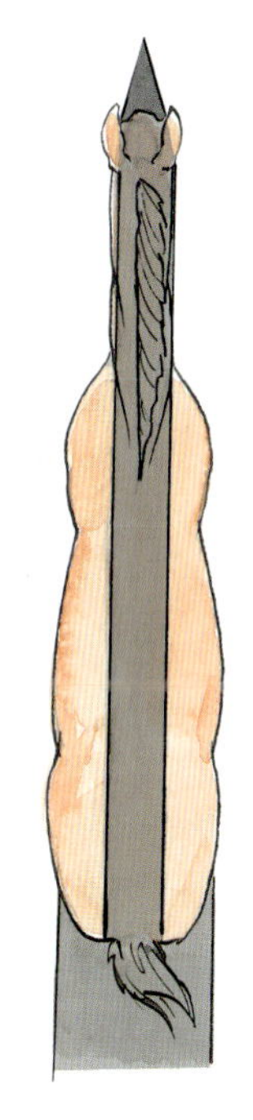

馬の死角は真後ろや真下、真上、
そして目の前にある。

死角

これまでも述べてきたように、特に頭を下ろしたとき、馬の視界はとても広くなります。しかし頭を上げた状態では、馬の視界には決定的な死角が生じてしまいます。

- 尾の部分を含む真後ろ
- 頭と鼻の真下
- キ甲の周辺を含む背中の上
- 馬の額のすぐ前

このため、あなたが馬の後ろに回ったとき、あなたの姿が見えるように馬は場所を変えるか、頸を片側に向けるでしょう。馬はあなたや犬や他の馬に驚き、かつ身動きが取れない状況であったときには、その姿を見ずに気配を感じた場所を蹴るかもしれません。

馬は顔を急に軽く叩かれたときにも驚きますが、これは額のすぐ前も死角であるためです。エサを与える際、エサと間違ってあなたの指を噛むかもしれません。これは鼻面の下が馬の死角になっており、匂いを嗅ぐことはできても見ることはできないためです。

馬の肢は自分の身を守る逃走手段であるため、良く分からない場所や物に肢を踏み入れたり乗り越えたりすることを嫌がります。馬は経験を積むほどに、死角に肢を踏み入れることに慣れていきます。

ビジュアル・ストリークとは、網膜上で光受容体が集合している帯状の部分である。このため、馬は視野の中でも水平な帯状の部分がとても明瞭に見え、その上下の部分ではぼやけて見えている。

視覚の鋭敏さ

細部が鮮明で、適当な明暗比になるように焦点を合わせる能力は、視覚の鋭敏さと呼ばれ、主に網膜上の光受容体の数によって決まります。光受容体は網膜上にある細胞で、光に敏感で視覚を作り出す機能に特化しています。哺乳類が持つ光受容体には桿体細胞と錐体細胞があります。桿体細胞は明度の変化や動きに敏感であり、錐体細胞は明るい場所でしか機能しませんが、色に対して敏感です。人間の黄斑部が円形であるのとは対照的に、馬は眼の水平軸に沿って狭い帯状に光受容体が密集しており、ビジュアル・ストリークと呼ばれています。馬が自在に頭頸部を動かせるのであれば、ビジュアル・ストリーク上で焦点を合わせられ、動きに対してとても鋭い視覚を持つことができます。しかしビジュアル・ストリークの上下の部分では焦点を合わせる能力は高くありません。そのため、頭を動かせない状態では馬の視覚は制限を受けることになってしまいます。

視覚の鋭敏さに影響を与える他の要因には、眼球の形状や順応力、水晶体の弾性や毛様体筋の強さがあります。馬の水晶体は人間のものよりも弾性が低いと考えられており、また水晶体は加齢とともに曇り、弾性を失います。

これらのことから、馬は身動きのとれる状態では遠くの対象に極めて上手く焦点を合わせることができますが、近いものに対しては焦点を合わせることが不得意と考えられます。これは馬の進化の観点から考えても理にかなっています。なぜなら、遠くから危険を見つけて逃げることを得意とする馬が生き残り、種を存続させてきたからです。

明順応と暗順応

馬の明るさへの順応速度は遅く、明るい場所から暗い場所への移動やその逆の移動の際には、順応するのに人間よりも時間がかかります。これは馬の瞳孔の形が明るい場所では細く水平ですが、暗い場所では楕円や角の丸い長方形へと広がるように変化するからです。馬を薄暗い厩舎から明るい屋外に連れ出すときや、明るい屋外から薄暗い馬運車に連れ込むとき、馬は明るさの変化に順応するために、数秒ほど余計に出入り口の部分で立ち止まるかもしれません。人間の方が馬よりも早く目が慣れるため、あなたは先に進む準備ができているかもしれませ

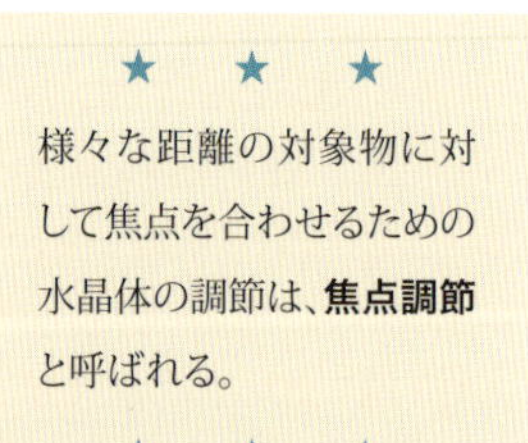

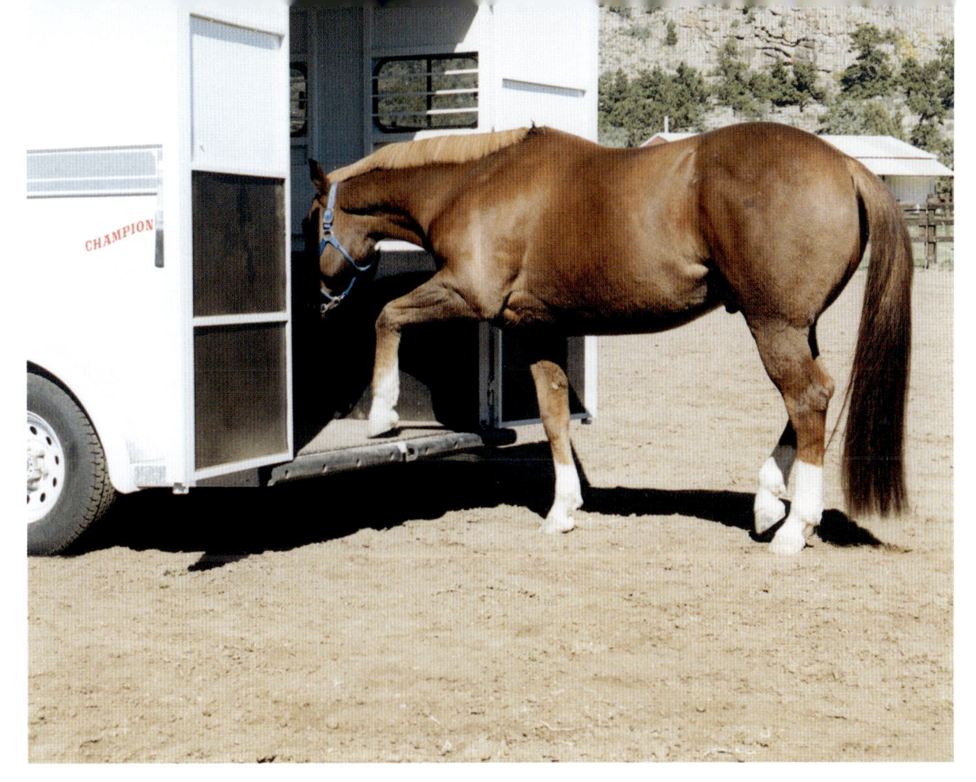

明るい場所から暗い場所に入るとき、馬は人間よりも目が慣れるのに時間がかかる。

んが、あと数秒待つだけで馬は安心して進むことができるのです。

馬は順応に時間がかかるものの、明るさや暗さに対しては人間よりも幅広い順応性を持っています。これはまさに馬の目の大きさと光を受容する網膜の表面積の広さのおかげでしょう。また、馬の瞳孔は人間の6倍も広がります。馬は猫やコウモリには劣るものの、フクロウや犬と同等の夜間視力を持ちます。馬の高い夜間視力は、目の内部の下半分にある輝板と呼ばれる弾性繊維の鏡のような板のおかげです。この部分で光が反射することで、本質的に2倍の量の光が網膜へと届きます。だから暗闇で光が馬の目に当たると、金属様の光沢を持った輝板が輝くのです。闇夜の中で馬に乗ったときには、馬は特殊な目の構造によってあなたよりも良く見えていることに納得できるでしょう。

サングラスをかけずに砂漠を馬で渡ったことがあれば、馬があなたよりもずっと眩しさに耐えていたことに気がつくでしょう。というのも、馬は生まれながらにサングラスを持っているのです。虹彩顆粒(こうさいかりゅう)(Corpora nigra)と呼ばれる、虹彩の上に吊されている有色の組織で、瞳孔に直接進入する光を部分的に遮蔽しています。瞳孔は明るい場所では細い扁平な形状になり、太陽や空からの光、地面や砂からの反射した光が目に入ってくる量を減らしています。さらに、馬の長く下向きのまつげは日よけ幕や庇のように機能しています。

★ ★ ★

視覚について論じるとき、鋭敏さは視覚の鋭さや鮮明さを意味する。また、**順応力**は目が異なる光の強度に対して変化する能力である。

★ ★ ★

距離感覚

距離感は両眼視の範囲でしか掴むことができないものです。馬の両眼での視野は人間よりも狭いため、馬の距離感覚は私たちほど良くはありません。馬が自由に頭を上げ、正面から見ることができるときには、十分な遠近感を持って物を見ることが可能です。馬は元来視覚的に距離を捉える能力に乏しいですが、調教手法によっては、障害飛越のように距離感覚を身につけさせることができます。

色彩感覚

人間の目は、網膜上に色に対して敏感な３種類の錐体細胞を持ち、馬は2種類の錐体細胞を持ちます。馬が人間と同じように色を見分けることができるかに関してはまだ幅広い議論がなされています。ほとんどの研究者は、人間ほどの色調を持たないにせよ、陰の濃淡の区別はできると考えています。しかし馬に何色が見えているのかということまでは解明されていません。

第三の眼瞼（がんけん）

馬は目を保護するために上眼瞼と下眼瞼に加えて、瞬膜と呼ばれる第三の眼瞼を持っています。瞬膜は両目の内側の隅の、眼球と下眼瞼の間に位置し、刺激に対して目を守り、角膜を拭うために素早く動きます。目を清潔に保ち、潤いを与える涙を分泌する腺もそこにはあります。

良い目とは

ほとんどの品種において、基本的に目が大きく、黒く、両目が離れて突き出ていて、十分に頭の外側に位置しているのが望ましいとされています。反対に、明るい色であったり、小さかったり、豚のように奥まっていたり、頭の前方に寄っていたりするのは望ましくないとされています。濃い色の目は強い光にも耐えられると考えられており、目が離れていることは額の広さと結びつけられ、脳の容量がより大きく、気質がより良いと考えられています。また、突き出た目は広い視野に寄与すると言えるでしょう。

馬の目は美しく機能的である。太く下向きのまつげはゴミから目を守り、日よけとしても機能する。

馬の涙

涙腺や瞬膜の腺から流れ出た涙は下眼瞼に集まり、鼻涙管を通って鼻孔の底にある通路へと流れます。もし鼻涙管が塞がれてしまったら、涙は鼻孔ではなく馬の顔を伝って落ちていくでしょう。加齢や怪我、感染症やゴミによってこれらの管が塞がれてしまった際には、獣医によってその部分が開かれ、機能が回復する可能性もあります。

口と鼻の断面図

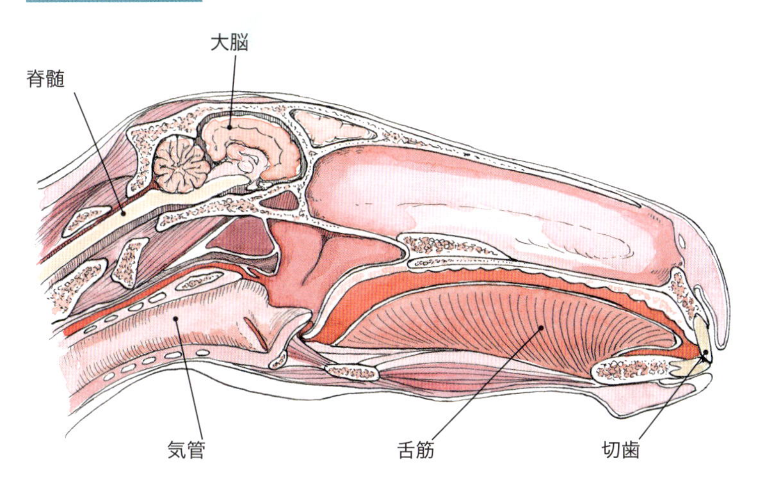

聴覚

遠くの物音を聞くとき、馬は食べるのを止め、完全に静止した状態で、まるで他の惑星の馬と交信でもしているかのように、頭を上げて耳を前に向け続けます。それから、何事もなかったように食べるのを再開するか、そわそわしながら物音から遠ざかるように逃走するでしょう。

馬の耳の構造は他の哺乳類と似ていますが、どの家畜の耳よりも良く動きます。馬の耳介は前後に約180度回転することができ、耳を傾けたり音を集めたりするのに役立ちます。そのため、一般的に馬の聴覚は人間より優れていると考えられています。

可聴域

馬は人間よりも高い振動数の音まで聞くことができます。低い振動数の音も聞こえますが、より低い音は蹄や食事中の歯に伝わる振動を通して感じています。

振動数はヘルツという単位で表され、1ヘルツは1秒間に1回の振動を意味します。人間の心拍のような音は振動数が小さく、犬を呼ぶために使われる笛のような音は振動数が大きく、振動が速いと言えます。人間が聞くことのできる振動数には限界があり、若い健康な男性なら汽船などの霧笛と同じ20Hzから、号笛（海軍の使用するホイッスル）と同じ20kHzまでの範囲が聞こえますが、その中でも1,000Hzから4,000Hzの範囲が人間にとっては最も敏感に聞こえます。男性の母音の場合は500Hzよりも低くなることもありますが、人間の声は一般的に500Hzから2,000Hzの範囲で出すことができます。一般に母音は1,000Hz以下の音として発せられ、子音は2,000Hzから4,000Hzの範囲の音として発せられます。

加齢とともに高い振動数の音は聞き取れなくなり、中年期を迎えるまでには12kHzや14kHzまでしか聞こえなくなってしまいます。また、男性は女性よりも若い段階で高音が聞こえなくなります。

音量

馬は私たち人間よりも離れた場所から音を聞くことができ、風向きによっては数マイル離れていても聞くことができます。そして一般に、馬は人間よりも小さい音量を聞いたり感じたりすることができ、人間よりも大きな騒音に繊細であると考えられています。

音量はデシベル(dB)という単位で表され、これは音のエネルギーの大きさを対数にとったものです。そのため10dBの音に対

振動数は、音の高さを専門的に表現する際に使われる言葉であり、音が1秒間に振動する回数を表している。1キロヘルツ(kHz)は1,000ヘルツ(Hz)に等しい。

不可調音は人間の可聴範囲よりも低い振動数を持つ音を指し、20Hz未満の音である。

超音波は人間の可聴範囲よりも高い振動数を持つ音を指し、20kHzを超えた音である。

★ ★ ★

馬はあらゆる家畜の中で最も可動性の高い耳を持つ。

馬と人間はどの範囲までの音を聞くことができるのか

調査方法によって結果が異なり、動物に音が聞こえていることを人間が判断するのは難しいため、ここで示すのはおよその値です。

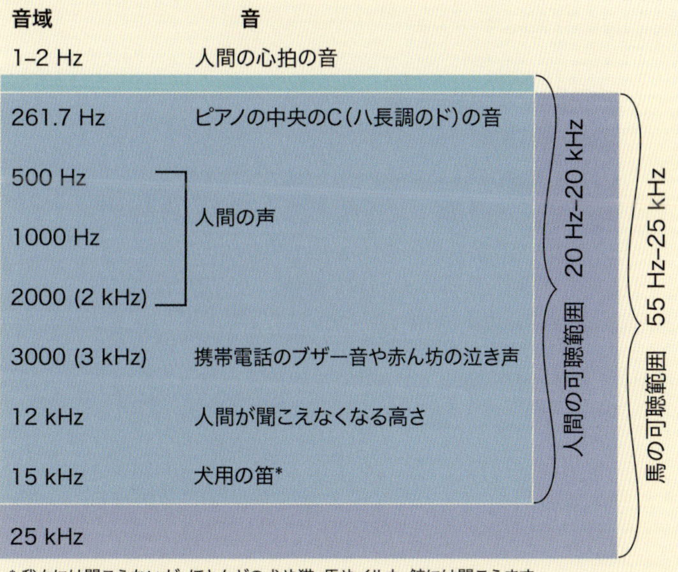

* 我々には聞こえないが、ほとんどの犬や猫、馬やイルカ・鯨には聞こえます。

誰が何を聞いているのか。

★ ヒトの可聴範囲は、若い成人が最も広く、20Hzから20kHzまで聞こえます。最も聞こえやすいのは1kHzから4kHzの間です。

★ 馬科の可聴範囲は5歳から9歳までが最高で、55Hzから25kHzかそれ以上まで聞こえ、最も聞こえやすいのは1kHzから16kHzの間です。

★ 犬科の可聴範囲は40Hzから60kHzです。

★ 猫科の可聴範囲は45Hzから85kHzです。

★ コウモリは120kHz辺りの超音波を察知でき、イルカの場合には200kHz辺りになります。

★ ゾウは不可聴音が聞こえ、可聴範囲は5Hzから10kHzになります。

して20dBの音は10倍、30dBの音は100倍のエネルギーを持つことになります。

馬は鋭い聴覚を発達させることによって生き残ってきたため、常に周囲の音に耳を傾けており、生まれつき警戒心が強く、様々な音に対して簡単に驚いてしまいます。

銃声や車のバックファイアやディーゼルトラックのブレーキ音のようなデシベル値の大きな音には、どのような馬でも驚き、暴れかねません。しかしこの恐怖心は、軍隊や警察隊で馬が利用されていることからも分かるように、計画的に順応させることによって克服させることができます。

静かな厩舎での手入れや馬装の際に出る音は、20dBから30dB辺りの好ましい音量です。しかし大音量の音楽や厩舎の前に止めたトラクターやトラックのような85dB以上の騒音は、馬を興奮させたり、聴覚に対して有害でさえあります。

馬を苦しめる音

輸送中の馬の耳には、仕切りやドアがぶつかる音、エンジン音、その他の交通騒音が聞こえてきます。トラックやトレーラーから生じる音や道路から絶え間なく聞こえる騒音によって、馬はとても強く不安を感じます。輸送の経験を積むにつれて馬は騒音に対して慣れますが、慣れていないうちは耳栓をするなどして騒音を軽減させることができます。

馬が頭絡や喉革を留められるのを嫌がるとき、それは金具の振動を気にしているのかもしれません。馬を悩ませるのは、死角で飛ぶ大量の虫のようなハム音です。馬の生存本能がハム音を出す金具を避けようとする行動を引き起こしています。計画的に慣れさせることで、馬に金具が危険なものではないことを教えられます。一方、頭を上げた際に力で押さえ込んだり強く叩いてしまったりすると、馬に容易に

一般的な音の音量

これらはあなたや馬が日常的に聞く音です。赤線で示した基準を超えると、痛みや障害を引き起こす恐れがあります。

音の種類	音量(デシベル)
人間の聴覚の閾値	0
人間の呼吸	10
木の葉のこすれる音	20
小声の会話	20–30
蚊の飛ぶ音	40
一般的な会話	40–60
鳥のさえずり	60
交通の頻繁な場所	65–80
掃除機の近く	70–80
列車の近く	65–90
電話の呼び出し音	80
繰り返し聞くことで聴力に悪影響を与える音量	85
交通量の(非常に)多い場所	90
職業安全衛生管理局の規制基準音量	90
出力80%のトラクター	100
芝刈り機や爆竹	100
雷	100–130
バイクやチェーンソー	110
職業安全衛生管理局が防音を求める音量	115
生理的嫌悪感を感じる音量	120
ロックコンサートやスノーモービル	120
痛みを生じる危険な音量	130
削岩機や拳銃	130
ダイナマイトの爆発音	140
ジェット機の近く	150
身体的な傷害を受ける水準	150
散弾銃の銃声	160
鼓膜の破裂する音量	190
致死音量	200

金具を怖がることを覚えさせてしまいます。

風はそのものが騒音であり、また騒音を引き起こします。風が吹くことで馬の耳には処理しきれないほど多くの音が入り、それがさらなる騒音を生みます。馬は400m離れた音も聞くことができますが、風速7メートルでは800mほど遠くの音も聞こえます。向かい風ではより遠くの音が聞こえ、追い風では聞こえる距離は近くにとどまります。馬が風の中で不穏であるのも納得できるでしょう。

風の中では音が途切れて聞こえるので、馬は落ち着かない。

何かを予感させる音

馬は飼いを付ける際のように、特定の音と特定の行動を結びつけます。パブロフの犬がエサを見る前にベルの音を聞いて大喜びするように、馬も聞き覚えのある音を耳にしたとき、エサを見るよりも先に食事が与えられることを期待します。私たちの牧場で、馬は普段よりも興奮し、食事を求めるそぶりを見せるのは次のような音を聞いたときです。

- 家から聞こえる朝の挨拶やあくび
- 家の裏口の開閉音
- 厩舎のドアが開けられる音や、飼料庫のドアが開閉される音

馬には自分のテリトリーを他の馬が通るようなわずかな音も聞こえます。私たちの馬は、門や厩舎のドアが開閉する音が聞こえたとき、これから馬が移動することを予想して、大声で鳴くことによって馬同士で挨拶を交わします。遠くで馬運車の仕切りの軋む音が聞こえたときには、馬は熱心にその方向に集中します。そして馬がそこに乗っている場合には、牧場の近くを通り過ぎるまでの間、馬同士はしばしば声で挨拶を交わすのです。

牛追いが数マイル先にいるときも、馬たちはその方向に集中します。予想通り1時間ほどで牛は私たちの牧場のそばの小道をふさいでしまうのです。馬は普段とは違う状況に警戒して耳を傾けるため、私たち人間はその様子から気がつくことができます。私たちの馬は牧羊犬よりもよっぽど良く番犬の仕事をしているのかもしれません。

馬に語りかける

馬は聴覚が鋭いため、大きな声で指示をする必要がないだけでなく、大きな声は馬にとっては耳障りであったり、逆効果であったりしてしまいます。馬と関わるのが上手な人は、かつて

のカウボーイが使っていたブレーキング・パターと呼ばれる方法で馬としばしば会話します。これはカウボーイが調教の際に馬の周りで使っていた、ぼそぼそとした話し方です。柔らかい声で話しかけることは馬を落ち着かせることができます。「モンタナの風に吹かれて」の原題である、ホース・ウィスパラーとは、このような人のことをさすのでしょう。

シャーロックは立ち止まり、進むべきか曲がるべきかと私の指示に目と耳を向けている。

私の経験から述べると、音楽やラジオのトークショーを厩舎でかけるのは人間のためというよりもむしろ馬のためになります。馬によっては絶え間ない騒音に順応し、騒音を無視できるようになったり、騒音があってもリラックスできるようになったりします。とは言え、厩舎は馬にとって楽園であるべきで、ラジオをかけずに静寂か、落ち着いた音楽をかけるぐらいが望ましいとも言えるでしょう。

嗅覚と味覚

馬の嗅覚と味覚は人間よりもかなり発達しており、この二つの感覚は密接な関係にあります。広い表面積を持つ湿った鼻孔の中で、匂いは知覚されます。香りの微粒子が空気に乗って運ばれ、嗅細胞の表面に付着し、その情報が脳に送られることで匂いを知覚します。

味は、舌や喉や口蓋の表面にある乳頭と呼ばれる突起部で知覚されます。馬が口にする液体や固体は、舌の上に乗せられることで選り分けられます。馬は本来的に塩味を好み、すぐに甘味を好きになりますが、一般的に苦みや酸味を好みません。

馬は苦い丸薬の匂いを嗅ぎ付けたり、食べそうになっていることに気がつくと、吐き出したり、口に入るのを避けようとします。そのため薬によっては、糖蜜で覆った甘いものやビーツに浸したもの、糖衣やリンゴソースなど、何か甘いものに隠したり混ぜたりしなければならないでしょう。

嗅覚は馬の認知手段のひとつです。馬の習慣は嗅がれるよりも嗅ぐことであり、犬と同様に、2頭の馬が出会ったときには、お互いが相手を近づかせすぎることなく、相手を知ろうとします。

初めての馬や人や物に出会ったときには、嗅ぐ行為は徹底的に行われ、それも数回にわたります。しかし、すでに知っている仲間同士の場合には、この行為はしばしば慣習的で簡潔に行われ、その後にはしばしば互いにグルーミングを行います。お互いの匂いを十分に確認した後、敵対心や脅威が感じられた場合には、尾を振り上げて肢を持ち上げ、耳を伏せて頭を低くしたり悲鳴を上げたりすることもあり、場合によっては互いの体をぶつけたり、蹴ったりもします。

フレーメン反応

馬の匂いを嗅ぐ習慣には、尿や汗などの体の分泌液に含まれるホルモンの認知も含まれているため、しばしば匂いがフレーメン反応を引き起こします。馬は上唇をひっくり返すことで、香りを鼻孔へと送り込んで封じ込めることができ、鼻腔の上の部分の鋤鼻器官（じょびきかん）によって匂いの分子は知覚されます。この器官はヤコブソン器官とも呼ばれており、生理学的には匂いの知覚とフ

相互的なグルーミングは、普通は絆で結ばれた仲間内の２頭が頸やキ甲や背中を軽く噛み合う行動である。

レーメン反応を直結させる構造となっています。他のフレーメン反応を引き起こす原因には、薬や血、香水や装蹄の際の煙、たばこや人の手の匂いなどがあります。私たちにとっては奇妙な行動に見えるかもしれませんが、これは馬にとって全く自然な行動です。

馬の中には他の馬よりもフレーメン反応を頻繁に行うものがいます。私たちの大きな栗毛色のセン馬は良くフレーメン反応を示します。これは駆虫薬や牝馬の尿や新しい飼料によって簡単に引き起こされ、一度始まると収まるまでに数分続きます。私はまだセン馬のシャーロックや牝馬のシーカーがフレーメン反応をしているのを見たことがありませんが、馬がフレーメン反応をするかどうかは、セン馬の包皮や牝馬の乳房を洗った際に手袋につくロウ状の物質を、その馬や他の馬に嗅がせてみることでわかるでしょう。

★ ★ ★

馬の中には、特定の匂いに対して**フレーメン反応**を示すものがいる。これは、頭を上げて上唇を巻き上げ、においを鋤鼻器官に送る動きである。

すべての生き物が**フェロモン**と呼ばれる化学物質に反応する。動物が分泌したフェロモンには情報が含まれており、それを知覚した同じ種の別の個体は特定の反応を示す。

★ ★ ★

匂いの世界

馬の行動はしばしば匂いに影響されます。この匂いは人間が気づかないほどに微かなものであったり、私たちには不快臭や刺激臭としか感じないような強いものであったりすることもあります。しかし、馬にとってそれらの匂いは知識の宝庫です。いくつかの例を紹介しましょう。

仔馬が生まれると、すぐに母馬とその仔馬の間には、匂いと味による重要な絆が形成されます。すなわち、母馬が仔馬を舐め、仔馬は母馬から乳を飲むという交流です。このようにして築かれた互いの認知は一生忘れられることはありません。

馬は排泄物によって自らテリトリーを印します。牡馬は排泄物を積み上げることや、牝馬の尿を自分の排泄物で覆うことで、この行動をより顕著に示します。しかしどの馬も、新しい馬房に入れられたときには自分のにおいをつけようとします。この行動によって、馬は馬房をより快適な場所に感じるのかもしれません。尿のにおいは、どの牝馬が発情期なのかを知るための主要な方法でもあります。

より大きく、より広く鼻孔を開くほどに、より多くの酸素と情報を馬は得ることができるのです。

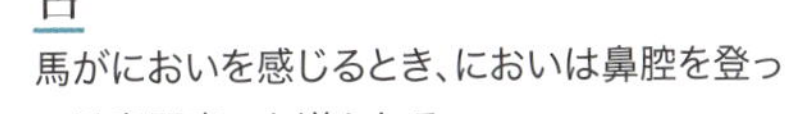

馬がにおいを感じるとき、においは鼻腔を登って鋤鼻器官へと送られる。

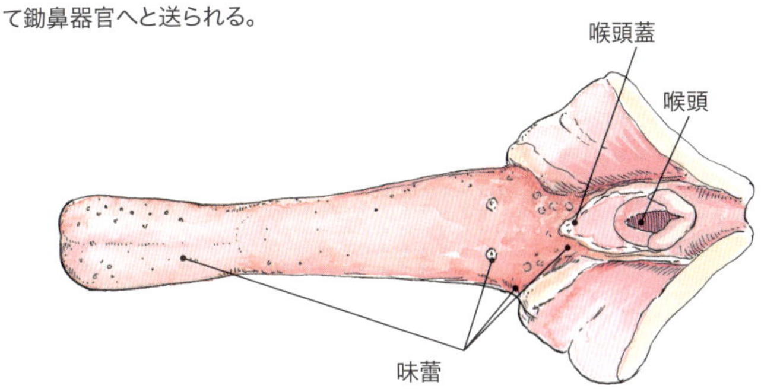

水の匂い

馬は飲んでいる水の水源が変わると、飲むのをやめてしまいます。それほど馬の嗅覚は鋭いと言えるでしょう。馬は水の硬度のわずかな違いにも気づき、慣れない水を飲むことを拒絶する馬もいます。口に合わない水しか与えられなければ、馬がしかたなくその水を飲むまでに何日もかかるため、深刻な脱水症状に陥るかもしれません。

あなたが馬と一緒に移動するときには、水に味付けをすることで対応することができます。出発の1週間ほど前から、少量のリンゴジュースや香り付け用のゼラチンなどで水に香りを付け、移動中も同じように香りをつけることで、馬を水の違いに気づかせにくくすることができます。

馬は水のにおいにとても敏感であり、このことは汚染された水源から水を飲まないようにするのに役立つ。

危険を嗅ぎ分ける

馬は飲み込んだものを吐き出すことができないため、有害なものを食べないために鋭い嗅覚に頼っています。嗅覚と味覚は、牧草地のあちこちに自生している様々な毒のある植物から馬を守っています。もし質の良い牧草が十分にあれば、馬は有害な植物を避けて食べるでしょう。しかし、他に食べるものがなくなってしまった場合には、有害なものであっても、その中から口に合う植物を選んで馬は食べることでしょう。

馬はとても空腹であったり喉が渇いていたりする場合を除いて、一般的に質の劣る飼料や水を口にしようとはしません。質が劣るものとは、他の馬によって踏まれたり汚されていたり、ネズミなどによって荒らされていたり、カビや細菌が繁殖していたり、土や埃や屑、泥や藻をかぶっていたりする乾草や牧草のことです。このような習性は、繊細な消化機能を有する馬にとって大切なことなのです。

ところで、あなたは仔馬が母親のボロ（＝馬糞）を口にするのを見たことがあるでしょうか。これは仔馬が消化のために必要な細菌を腸内に取り込むための行動だと考えられています。人間から見ればうんざりするような行動かもしれませんが、馬にとっては必要な行動です。

質の良い牧草がある場合は、馬は口に合わない植物や毒のある植物を食べようとしない。仔馬や若い馬は、母親や他の馬の食事の様子を見ることによって、何が食べたり飲んだりしても安全なものなのか、どのようにして食べれば良いのか、ということを身につける。馬が何かを口にしたとき、それが食べられるものであり、安全なものならば、馬はそれを栄養として認識し、知識として身につける。

馬は何を好んで食べるか？

馬の食事には様々な要因が影響します。野生の馬は何が食べることができるのか、塩分やミネラル分や薬草という観点から何を食べるべきか、という知恵を生まれつき持っています。私たちが飼育している馬もこの素質を持っているかもしれません。ですが、滅多に放牧されずに馬房に入れられっぱなしの馬を突然雑草地に出したとしても、おそらくその馬は青々と育っている草を食べることに夢中になり、疝痛や不調を引き起こす雑草まで食べてしまうでしょう。

馬の味や質感への特徴的な好みなどに驚くかもしれません。どの馬も異なる味覚を持ちますが、一般的に馬は柔らかい牧草よりも硬い牧草を好み、アザミなどの思いの外に幅の広い葉を持つ植物を食べることもあります。

乾草の味のテスト

乾草に関しては、私はいつも馬を使って味のテストをしています。たとえば、最近では次の3種類を使って行いました。

1 硬い乾草
とても硬く、十分に成長したオーチャードグラスやスズメノチャヒキを完全に乾燥させてゆるく梱包したミックスの乾草。種はついておらず、硬い青い茎のみの状態。

2 緑色の乾草
明るい草色の、柔らかい芝とアルファルファのミックスであり、高密度に梱包され、湿度が上げられている。そのため、湿っているが、鮮やかな見た目をしている。その高い湿り気のため、柔らかく、折れるというよりは曲がる。少し酸味を感じる独特の香りを持っている。

3 褐色の乾草
きつく梱包された豊かな芝とアルファルファのフレークであり、フレークの中心はタバコのような深い茶色に発酵している。これはカビが生えていたり汚れたりしてはいないが、甘い葉巻やビダリアタマネギ（アメリカの一部で栽培される香りの強いタマネギ）のような強い香りの変わった乾草。

見た目では2、1、3の順番、つまり緑色の乾草、硬い乾草、褐色の乾草の順番で馬は好みそうですが、実際には3、1、2の順番、つまり褐色の乾草、硬い乾草、緑色の乾草の順番で馬は好んだのです。褐色の乾草や硬い乾草は多くの馬の好みに合っていましたが、緑色の乾草は最後まで残り、馬はただその中を漁るだけでした。

この結果から考えると、3種類の乾草を

1. **基本となる乾草**
2. **酸味のある乾草**
3. **蒸したフォアグラのような通好みの熟成した乾草**

と捉え直すことができるかもしれません。

触覚

体が大きいからといって馬の触覚が鈍いわけではありません。実際には馬の触覚はとても敏感です。

感度は馬ごとに大きく異なり、皮膚の厚みや体毛、体の様々な部分にある感覚器のタイプによります。冷血種は反応が鈍感であり、触れられても反応が遅いのが特徴です。そのため乗用馬のほとんどが反応が良い温血種と冷血種を交配させた半血種です。馬の皮膚やその下にある筋肉はヒトと同様に、圧力や痛み、温度を感じることができます。

★ ★ ★

祖先を軍馬や改良種に持つ馬はしばしば**冷血種**と呼ばれる。その特徴としてはより骨が太く、皮膚が厚く、被毛が多く、球節が毛深く、赤血球が少なくヘモグロビン値が低いことがあげられる。祖先がサラブレッドやアラブにさかのぼる馬は**温血種**と呼ばれる。その特徴としては骨の細さや皮膚の薄さ、被毛の細さや距毛が無いこと、赤血球が多くヘモグロビン値が高いことがあげられる。

★ ★ ★

感覚の鋭い部分

物を探すときに手の代わりになるものとして、馬には特別な触覚器もあります。唇や鼻や目の周りに生えている頬髭は、特に暗闇の中で自分の頭と周りの物の位置関係を知る触覚として機能します。馬はバケツや水桶の底に何があるかを直接見ることはできないので、触覚器によって狭い場所で顔を怪我から守っています。そのため、品評会などで美しさのために触覚器を切ってしまうのは良くありません。頬髭は意味があって存在するのであり、馬体の保護のために必要なものなのです。

鼻面は神経末端や頬髭、嗅覚や味覚の感覚器を納めた触

馬体の感覚の鋭さ

あなたの馬の最も感覚の鋭い部分と最も感覚の鈍い部分を知っておくことは、あなたが適切に馬に触れたり、道具や扶助を使用したりする際に役に立つ。

覚の重要な部分です。誰かがあなたに近づいてきて、顔の上に手を乗せてきたら、どう感じるでしょうか。あなたが馬の鼻面を優しく撫でるとき、馬は同じようなことを感じているかもしれません。馬の鼻面は感覚器の集中している繊細な部分であり、その下が死角になっていることも忘れないでください。馬が危険を感じたのか、それともエサと間違えたのかはわかりませんが、本能的に鼻面の下にある物を噛んだ際に、不運にも指を怪我したり失ってしまったりした人を私は多く知っています。鼻面よりも額や頸やキ甲をなでてあげてください。馬もその方が良いとあなたに伝えてくることでしょう。

馬は何かを調べたり砕いたりするために、口で軽く触れたり舐めたり噛んだりします。また、警告や防御のためにも口を使います。日常的にロープや毛布、木やフェンス、バケツや他の馬のたてがみや尾を噛んだり、かじったりもします。肢や脇腹を自らグルーミングする場合や、他の馬と互いにグルーミングする際にも口や歯を使うのです。

蹄は何かを調べるために使われることもあります。馬は危険性や柔らかさや深さを、踏んだり叩いたりすることで測ります。そのおかげで多くの場合に馬は危ない場所や沼地に踏み入れる前に危険を察知することができるのです。

この仔馬は程良い高さの堅い大枝を見つけ、過度にたてがみや頸をこすったため、今では頸の毛は擦り切れてしまっている。

馬に触れるときに気をつけること

一般的に馬は撫でられることを好み、くすぐられたり叩かれたりすることを嫌います。馬は額や頸、キ甲のあたりや背中、臀部、そして胸部を撫でられることを特に好みます。まれに横腹や胴回り、腹部や鼻面、耳や肢を撫でることを求めてくるでしょう。人からの扱いに慣れるまでは馬が生来的に好む部分に触れ、徐々にくすぐったがる部分を触れられることを慣れさせていくのが良いです。どの馬もお気に入りの箇所があるため、それぞれの馬に試してみてください。

馬は体の様々な箇所をこするのが好きなため、フェンスや建物や他の馬にしばしば長時間体をこすりつけて体を揺らすことに夢中になります。この習性はたった1回行っただけでもたてがみや尾のつけ根を傷つけてしまったり、毛布やフェンスや建物を壊したりしてしまいかねません。定期的なグルーミングや砂浴びによってこの危険な癖を身につけさせないようにできます。

馬の撫で方

適切な撫で方

不適切な撫で方

馬に触るときには、右の図のように叩いたりつついたりするよりも、左の図のように撫でてあげる方が良いでしょう。

適切な撫で方

不適切な撫で方

馬は下の図のように鼻を軽くたたかれるよりも、上の図のように額を撫でられることを好みます。

馬の感覚を尊重する

馬は触覚が鋭く、このため私たちはとても軽い力で馬を調教できます。

馬は軽く断続的な刺激に対しては遠ざかりますが、強く一定な圧力に対しては快適に感じて寄り掛かってきます。あなたが未調教の馬を押しのけるために、全体重をかけて馬を押したことがあれば、馬が喜んであなたに体重をかけて寄りかかってきたことを覚えているでしょう。馬とコミュニケーションをとるとき、引き手を持っている場合でも手で触れている場合でも、全力で押したり引いたりするよりも軽く叩く方が効果的です。不思議に思えるかもしれませんが、軽く叩くことや肋骨を馬が嫌がるようにくすぐることの方が、強く圧迫し続けるよりも馬を遠ざけるのに効果的です。このことに関しては人間は馬にたかるハエから学ぶべき点があるかもしれません。

触覚は能動的な感覚であり、受動的な感覚ではありません。長時間繰り返される刺激への慣れは、感度の低下につながります。たとえば私たちの住む土地にはほとんどハエがいないため、たまにウマバエが止まって血を吸おうとすると馬は騒ぎ出します。ですが、ある年の春にワイオミング州から来た種馬の周りにはウマバエが群がっていました。ウマバエはまるで屋根板のようにその馬の背中の一部を覆っていましたが、その馬はそのことに全く反応しなかったのです。つまり、この馬はハエの刺激に慣れてしまっていたのです。

あなたは馬に乗っているとき、馬の口や鼻、背中や脇腹を通して馬とコミュニケーションをとっています。馬は背中の上にあるあなたの騎座や脇腹に触れる脚を通して、あなたがリラックスしているのか、それとも緊張しているのかを感じます。最初の段階では全身を触れられることを馬が怖がらなくなるようにする必要がありますが、常に触れられている状況は馬の感覚を鈍麻させ、銜（ハミ）や脚に反応しない馬にしてしまいます。

もしあなたが最小限の強さで手綱や脚の扶助を使えば、馬の感覚を鋭くしたり保ったりすることができます。一方で、馬が扶助に鈍感であったり、もはや反応しない状況にしてしまったりする可能性もあります。このような場合には拍車を使ったり、手綱を強く引いたりしてしまいたくなるでしょう。安全な馬にするために感覚を鈍くさせることと、馬の扶助に対する鋭敏さを保つことの間には微妙な違いがあります。ここに馬を調教する手腕がかかってくるのです。

馬はハエや鞭のような、
鬱陶しい刺激からは逃れようとする。

★ ★ ★

扶助はトレーナーや騎手が馬とコミュニケーションをとる方法である。馬にとって道具を用いない扶助は、騎手の意識や声、拳や脚、そして体重や騎座や背中という体を使ったものであり、道具を用いる扶助には無口頭絡や鞭、拍車や鎖がある。

★ ★ ★

ていねいな手入れ

ていねいに馬の手入れをするためには、正しい箇所を正しい方法で、適切な道具で行う必要があります。道具を使う箇所、使い方について、道具の固いものから順に柔らかいものへと解説します。

道具	馬体の使う箇所	使い方	解説
金ぐし	馬には使うべきではない	金ぐしの上で汚れたブラシを滑らすことで汚れを取り除く	ブラシに対してのみ使い、馬には使わない。鋭い鉄の歯は馬の皮膚をひっかいてしまう。
金属製水切り	頸や肩や後躯などの筋肉の発達した部分	軽く適度な力で長く引く	長く太い冬毛を取り除くために使う。鋭い歯は皮膚をひっかき、皮膚が感染症にかかる傷口を作りかねない。
ゴムのついた水切り	筋肉の発達した部分	軽く適度な力で長く引く	丸洗い後の水分や激しい運動後の汗を取り除くために用いる。
ゴムブラシ	筋肉の発達した部分	適度な強さで、円を描くようにして毛を逆立てて汚れをかき出す	馬の体や使う人の手にあった柔らかいゴムブラシを選ぶ。硬いプラスチック製のものは避ける。
根ブラシ	筋肉の発達した部分	短く払う動作で毛から土埃や汚れを落とす	先が尖っていなければ、天然のものでも合成繊維のものでも良い。

道具	馬体の場所	使い方	解説
毛ブラシ	あばら、肢の上半分	細かい汚れを除去し、毛並みを整えるように長く引く	たてがみや尾にブラシをかける際にも使うことができる。
柔らかいゴムブラシ	顔、肢の下半分、腹部、横腹	軽いが十分な強さで円を描くように動かす	皮膚が骨のすぐ上にある箇所では、小さな突起のついた柔らかいゴムブラシを使う。
柔らかい毛ブラシ	顔、肢の下半分、腹部、横腹	撫でるように引いたり、払ったりする	敏感な部分に使う柔らかい仕上げブラシである。
タオル、スポンジ	顔、横腹、尾の下半分および乳房や包皮	濡らして絞ったもので拭き、こすらない	お湯は汚れを落としやすく、タオル、スポンジを使う際はお湯が良い。馬にとってもより快適である。
素手や手袋	顔、耳、顎、肢の下半分	マッサージをしたり引いたりする	肢の下半分は素手で水を切る。顔や目の周りをきれいにする際には、突起のついたグルーミング用の手袋を使う。

反射反応

★ ★ ★

反射は、特定の刺激に対する筋肉の無意識の反応である。馬は考えてから反応しているのではなく、無意識に反応している。

★ ★ ★

反射反応は馬が捕食者を避けながら数百万年を生き残ってきた間に身についたものです。自然淘汰によって、捕食者から逃れることができた馬だけが残り、それらの個体の発達した本能が受け継がれることで、今日の馬にも先天的に反射反応が身についています。

反射反応は無意識の反応であるため危険を伴っています。我々は安全に馬を扱うために、私たちにとって危険な反射反応を計画的に無くしていく必要があります。

逃走を主な防御手段とする馬にとって、肢は生存に不可欠なものです。そのため、馬は肢の動きを妨げるあらゆるものに危険を感じます。初心者にとって馬の肢を持ち上げるのは難しい作業ですが、これは馬の肢には強い防衛反射が働くからです。

馬に肢を触られるのを慣れさせることが最初の目標です。その後に肢を持ち上げられることに慣れさせ、そこから先に進めていきます。

吸う反射

牝馬が生まれたての仔馬を軽く噛んだり、仔馬が頭を母馬にこすりつけたりすることや、人が仔馬の頭頂部や尾の付け根をこすったりすることは、仔馬が頸を伸ばして母親の乳房を探し、唇で吸い付く動作を引き起こします。2頭の馬が相互にグルーミングをする際のように、仔馬の脊柱に沿って撫でることや頭の上半分を撫でることは、しばしば口の動きのきっかけとなります。鼻をこすりつけることや甘噛みは、しばしば噛むことへと発展するので、仔馬や若い馬を世話したり扱ったりする際には、私たちの手などを咥えようとする本能的な反射を無くしていく必要があります。

引っ込める＝足す反射

引っ込める反射は、捕食者やハエ、人の手やバリカンが触れたときに、肢を地面から素早く離す反応です。馬が牧草地で自ら安全を守ることができるように、生来の防衛反射を残したいと思うかもしれませんが、馬の肢の近くで安全に作業できることも重要です。計画的に訓練することで、毛刈りや手入れ、肢巻きを巻く際に馬が体重を四肢にかけ続けるようにできます。また、ハエが止まったときに馬がすぐに肢を上げることを考えると、あなたが求めたときは肢を上げるように馬を調教したいと思うことでしょう。

腰と会陰部の連動

ネオプレン製のテールラップ（輸送用尾巻き）や水しぶきのように、冷たいものなどが尻尾の裏や肛門に触れたとき、腰部と会陰部の反射連鎖によって、馬は尻尾を挟んだり、腰を押し込んだり、しゃがんだり、場合によっては蹴ったり後退したりします。この反応は特に牝馬で顕著です。これは攻撃された際や、慣れない飼料や扱いに対して生じる、無意識の反応です。31歳になる牝馬のジンガーは今でも丸洗いのたびに震えてしゃがみ込みそうになります。

これらの反射も、まさに体温計を差し込まれた際や触診を受けた際と同様で、馬は尻尾を挟み込んだり肛門の括約筋を締めたりします。私の29歳になる繁殖牝馬のサッシーは会陰部への反応から尾を鉄のように硬くします。優しく触れてなだめることですぐに克服してリラックスするものの、肛門や陰部を保護するための、本能で、とても強く消えることはありません。サッシーは素晴らしい繁殖牝馬で、周囲から悪影響を受けることなく簡単に慣れ、20代半ばまで分娩も上手でした。馬の自己保護反射が健全な繁殖と長寿に寄与したのでしょう。

皮膚のリンパ本幹の連鎖

組織層にある皮膚のリンパ本幹は、馬の胴体全体で素早く繰り返される筋肉収縮を引き起こします。ハエが肋骨に止まった際の筋肉の動きがこれにあたります。同様の反射によって、馬は騎手の脚の指示にとても敏感になり得ます。

脊椎の突起部の連鎖

脊椎は脊柱とも呼ばれ、ひと連なりの突起の上に沿って人差し指でなぞることで、馬は背中を反らせます。不適切な調教や合っていない鞍はこの反射を引き起こすため、装鞍中や乗馬中に馬は背中を反らせたり、反抗したりします。

その他の反射

馬に見られる他の反射には一般的に、耳を動かすことや瞬き、涙が流れることや瞳孔の開閉、頭を振ることや唾液の分泌、鼻をすすることや咳をすることなどが含まれます。反射反応を引き起こす原因や、反射の連鎖の特徴に気がついたなら、馬の恐怖を和らげて反射を無くすためのレッスンを行うことができます。

シャーロックは、背骨の右側への軽い力に対して強い反射を示し、十分に腰を触れるほど激しく頸を曲げている。

馬の反射の一覧図

反射は、体の様々な部分への圧迫や、皮膚上の圧迫の変化に対する無意識の反応です。反射の程度は、皮膚の厚みや毛の太さや血種などの馬の身体特性や、気質や経験や調教程度、そのときの身体的制約や馬のリラックス度合い、そして与えられた力の強さやその意図に大きく影響されます。頑固で気性が荒く、不機嫌な馬は、自己保護や防御の手段として、反射よりも意識的な反応が強く出ることや、あなたの扶助を無視することがあり、意図した反応を得ることができないかもしれません。

通常の反射は様々な部分に加わる圧迫への反応です。野生の馬や未調教の馬ははっきりと反射反応を示します。年をとった馬や十分に調教された馬は、習性や調教によって反射が失われているために、反射反応が見られてもわずかです。

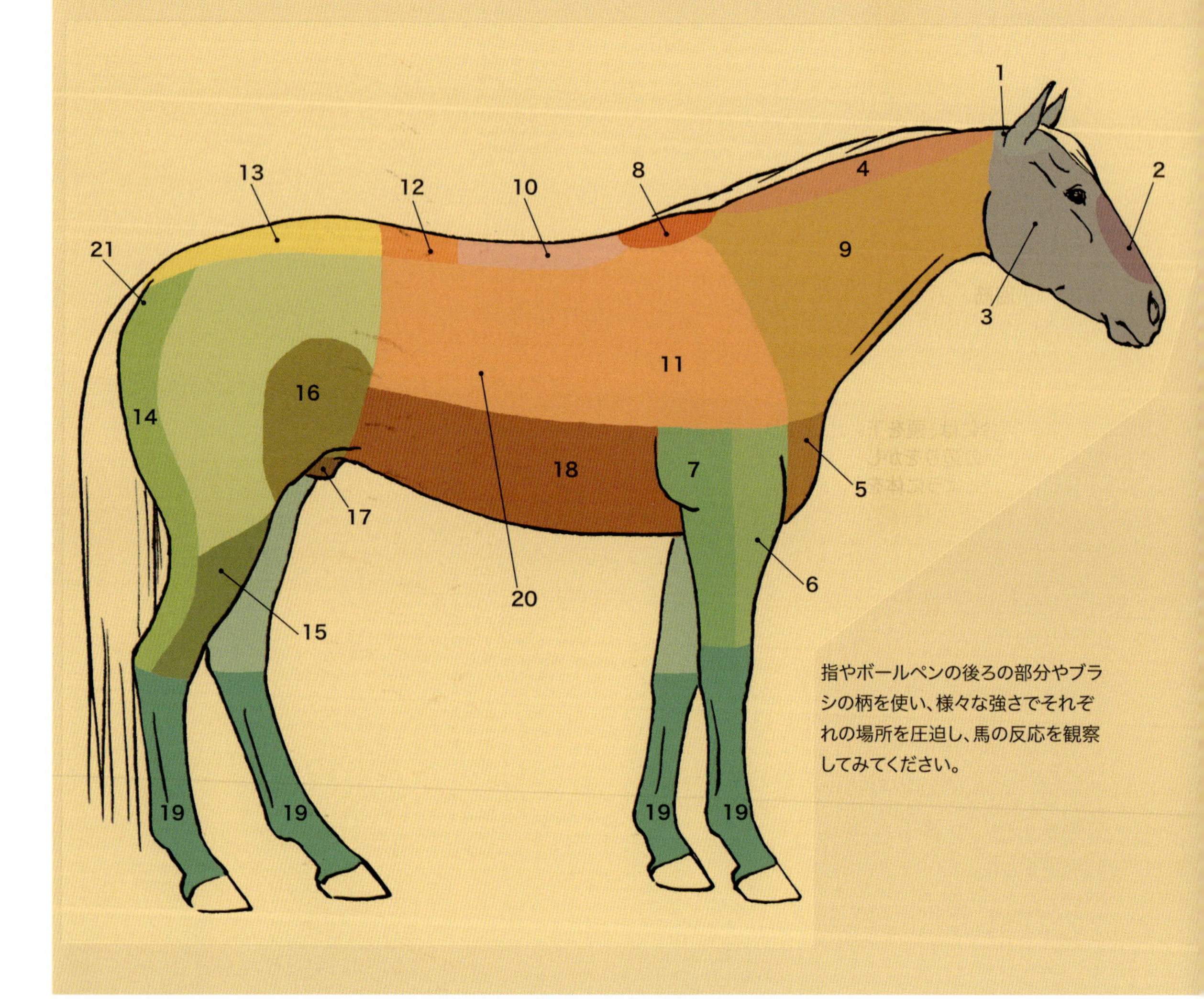

指やボールペンの後ろの部分やブラシの柄を使い、様々な強さでそれぞれの場所を圧迫し、馬の反応を観察してみてください。

1. 項(うなじ)

頭と頸を持ち上げる。頭頸を圧迫から遠ざけようとする際に、頭を下げさせられる。

2. 鼻梁

頭を上げ、頸を反らせて、鼻を跳ね上げる。項と同様に、頭を下げさせられる。

3. 頭部

頸の位置を変えずに、頭を項から上方向に回転させることや、頭を上げることで、前肢の屈曲と後肢の伸展が起こる。頭の下方向への回転や項からの屈曲では、後肢の屈曲と前肢の伸展が起こる。

4.クレスト(頸筋上部)

頸を下げる。

5. 胸部

頭が低い位置にある状態では背中が起きる。もし頭が高い位置にあれば、反射は見られない。

6. 前肢の伸筋

管骨と蹄が前へと動く。

7. 前肢の屈筋

肢が膝から屈曲する。

8. キ甲

軽い力の場合には、頭を下げる。こすられた場合には頭を伸ばしてキ甲の辺りをかじろうとする。強い力の場合には痛みから逃げるように体を動かし、頭と頸で威嚇する身振りをする。

9. 頸の反射を強める

圧迫された側を引き締める。頭の位置を変えられない場合には、横方向に頸を反らせ、圧迫された側の後肢の屈曲と前肢の伸展が起こる。逆側では頸がふくれ、後肢の伸展と前肢の屈曲が起こる。

10. 棘突起および背中

脊椎上をキ甲から腰に向かって弱く圧迫すると、馬は背中を反らす。脊椎の左側を圧迫すると、避けるように背中を動かし、左後肢を前に出して頭と頸も左に向ける。右側を圧迫した場合には反対のことが起きる。

11. 肋骨

頭は圧迫されている方を向き、肋骨は圧迫から逃れるように曲がる。圧迫されている側の後肢の屈曲と反対側の後肢の伸展が起こり、馬は体を揺らしたり圧迫の邪魔をしたりする。

12. 腰部

背中を曲げたり伸ばしたりする。

13. 臀部

尻尾や後躯を押し込み、背中を丸める。

14. ハムストリング

肢を上げたり、後ろを蹴ったりする。

15. すね

飛節を屈曲させる。

16. 横腹

後肢を前に伸ばしたり、馬蹴りをしたりする。

17. 包皮

両足を前に伸ばす。腰を落とす。

18. 腹筋

腹部を引き締め、背中を丸め、腰を落とす。

19. 四肢の末端

足を曲げて引き寄せる。

20. 胴体の皮膚の下にある筋肉膜である皮膚のリンパ本幹や組織層

軽く撫でると、小刻みに震える。強くしっかりと圧迫すると、等尺性収縮を起こす。

21. 会陰部

肛門に触れると、括約筋を締め、尻尾を閉じる。

自己受容性感覚

受容体は筋肉と腱の中に位置し、馬の動きに整合性を持たせるのに役立つ情報を常に脳へと送っています。馬は一般的に優れた自己受容性感覚を持ち、馬によってはこの感覚が特に優れているものもいます。

整合性は自己受容性感覚と密接に結びついています。体の各部分の調和がとれていれば、馬は整合性のとれた状態にあり、駈歩や停止や回転のような複雑な動きをこなすことができます。

自己受容性感覚は、目で見ることなく、肢などの体の部分が他の体の部分や物体に対して相対的にどこにあるのかを知覚する感覚のことである。ジッパーは明るい色のついた橋を渡る間も、優れた自己受容性感覚を保っている。

馬の感覚のまとめ

視覚

★馬は人間よりも幅広い周辺視野と幅広い光量への順応ができます。

★遠くの特定の範囲においては、馬はより鋭敏な視覚と動きに対する察知能力を持っています。

★人間の視覚の鋭敏さは、全体的に見ると馬よりも優れています。

★一般的に、人間は馬よりも明順応と暗順応が早いです。

聴覚

★馬は人間よりも可動性の高い耳を持ち、頭を動かすことなく音源の位置を特定することができます。

★馬は人間と比べてより高い周波数もより低い周波数も聞くことができ、可聴範囲の両端において音量に対する鋭い感覚を持っています。

★馬の耳は本来コミュニケーションを理解するために使われますが、第８章でも述べるように耳はコミュニケーション手段としても使われます。

嗅覚と味覚

★馬の嗅覚と味覚は人間よりも発達しています。

★馬が持つこれらの感覚は環境や他の馬の情報を集めることや、馬自身を守ること、その習性を支えることに役立っています。

触覚

★馬は触覚の鋭い動物であるため、常に最小限の強さの合図を与えることから始めていくことが重要です。扶助を強めながら使う必要がないものは使わないだけでなく、馬を公正で倫理的に扱わなければならないことは当然です。

第3章　馬の身体構造

感覚の他にも、馬は人間を含む他の哺乳類と大きく異なる独特の生理機能を有しています。それらの特徴を理解することは、馬に対するより適切な扱いやケアに役立つでしょう。

アメリカでは、非常に丈夫であることを「馬のように強い」と言いますが、これには少々矛盾があります。多くの身体的な特徴は、野生の馬を丈夫にし、数百万年も種を存続させてきました。しかし、飼育下の馬はとても神経質で弱く、飼料や獣医学的ケアや装蹄、そしてあらゆる調教によって馬は良くも悪くもなります。歯や腸、背中や骨格、そして蹄についての知識を持つことは、あなたがより良い厩務員やトレーナー、そして騎手になる助けとなるでしょう。

季節による変化

現代人のほとんどが季節の変化との自然な関わりを失いがちです。しかし馬はそうではありません。本能として持つ生物的な季節感覚が、出産や被毛の生え変わりなどを通して、馬に季節の変化を告げています。

繁殖期

馬は毎年決まった時期に繁殖期を迎える季節繁殖動物で、昼の長さによって繁殖期間は変化します。北半球において、最も生存に適した繁殖時期は、春の4月頃から秋の9月頃になります。

メス馬の発情周期はおよそ21日から23日であり、その中の5日間から7日間ほどが、妊娠可能な発情期です。妊娠期間は約11ヶ月で、野生の場合には一般的に、暖かい気候と良質な牧草に恵まれた夏の間に仔馬が生まれます。これは、野生の馬や放牧されている馬は、植物が休眠しエサが乏しくなる冬に備えて、夏や秋の間に体重を増やす必要があるためです。

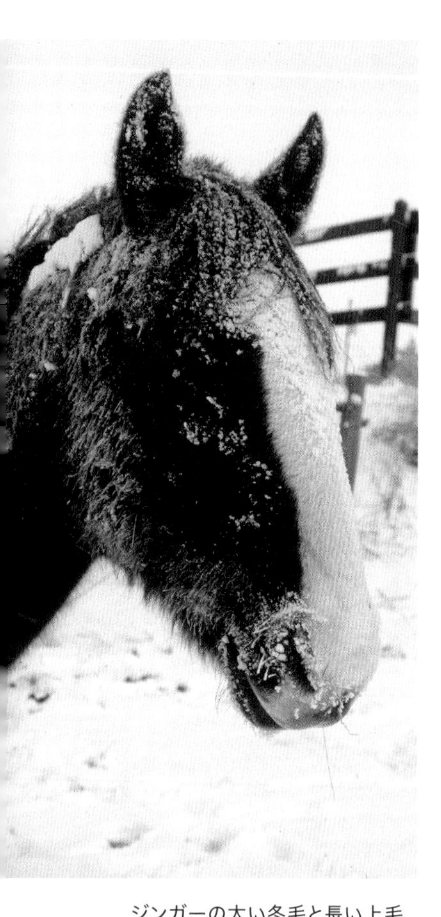

ジンガーの太い冬毛と長い上毛は皮膚が濡れるのを防ぎ、体を温かく保っている。

季節による被毛の生え変わり

春の時期には日照時間の増加に伴い、冬毛からより短い夏毛に生え変わります。秋の時期には日照時間の減少に伴い、夏毛からより長い冬毛へと生え変わります。冬毛は太く長く伸び、馬の体を寒さや雨から守る役割を果たし、また、頬の下や腹部の周囲、四肢の被毛は1年を通して長く伸びます。

馬の皮膚からは皮脂と呼ばれるロウ状の物質が分泌され、これが天然の防水剤となります。被毛に雨や雪が染み込んだ場合でも、皮脂があれば水分や湿気をはじくことができるのです。夏場のグルーミングは分泌された皮脂が広がるので問題ありませんが、冬場の丸洗いや入念なグルーミングは皮膚から皮脂を取り除いてしまうため、馬が本来持つ保温や保護の能力を失ってしまいます。そのため、冬場の丸洗いの後には馬着を着用させる必要が出てきます。なお普段は、馬が病気の場合や痩せている場合、高齢の場合や馬房がない場所を除いて、馬着を着用させる必要はありません。

馬の目や鼻面の周りに生える触毛は触覚のように機能し、耳の内側に生える毛は虫が耳に入るのを防いでいます。そのため、これらの毛は切るべきではありません。

消化器系

馬の消化器系は、数百万年以上にわたる牧草地を移動する生活の中で進化してきたため、馬の食事は牧草と水を基本とします。消化器系の特徴について知識を持つことは、馬のより良い管理のために役立つでしょう。

歯

馬は5歳の時点で永久歯が生え揃い、歯茎に埋まった部分には丈夫な歯根部があります。また、馬の歯は20歳になるまで萌出し続けます。噛むことで歯の表面は左右上下に一定のすり減り方をするため、定期的な歯のケアが必要となります。詳しくは第7章の「歯」の項目を参照してください。

腸

腸の一部である盲腸は馬体の右後方にあり、発酵処理を行う樽のように微生物の助けを借りてセルロースを分解します。盲腸が詰まると疝痛を引き起こしかねません。骨盤曲も長い腸の一部であり、馬体の左後方に位置する急な折り返し場所です。ここも詰まると疝痛を引き起こしかねない箇所です。疝痛になると馬体を捻ったり横腹を噛んだり、前掻きや立ち上がったり座ったりを繰り返したり、転がり倒れたり異常に汗をかいたり歩き回ったり、一切食事をとらなかったりすることがあります。

脾臓

脾臓には赤血球が貯蔵されており、激しい活動の際には赤血球が放出され、酸素を運搬します。赤血球の放出は、アドレナリンの分泌によって引き起こされます。

消化管の単方向性

馬の食道の括約筋は引き締まっており、摂取したものを吐き戻すことはできない。そのため、摂取したものが消化管のどこかで詰まってしまうと、ヘルニアや嵌頓(かんとん)を引き起こしてしまう。また、消化管の両側が詰まることで体内にガスや毒素の発生・嵌頓から疝痛を発症し、馬は死に至りかねない。

馬の消化器系

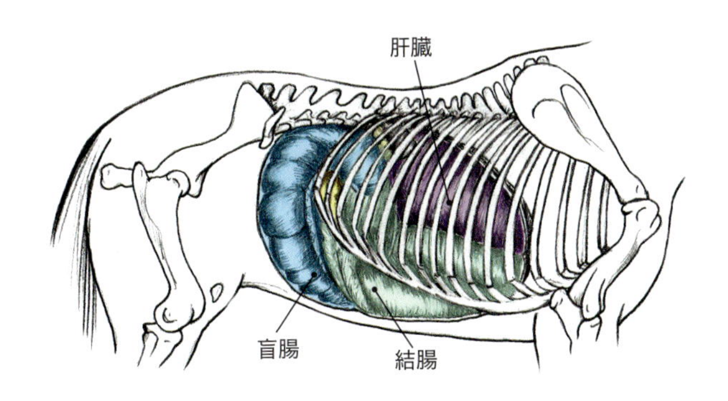

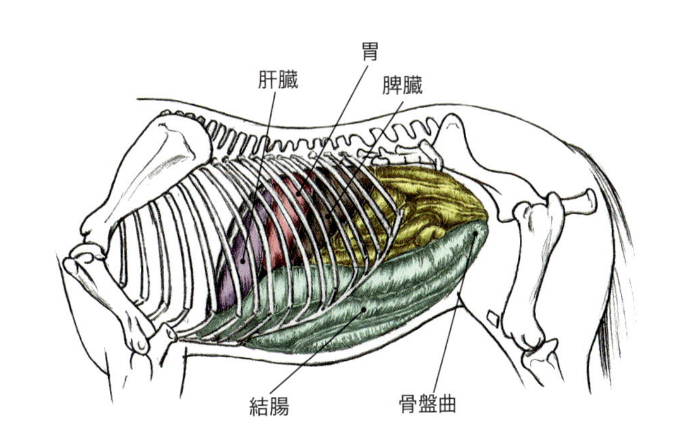

骨格系

馬の骨格は約205個の骨から構成されています。ここで数が定まらないのは以下のような理由のためです。

- 仙骨を構成する5つの骨が成長とともに結合するなど、骨の数が年齢とともに変化するため。
- アラブ種は肋骨が38本あるが、腰椎(ようつい)は一つ少ないというように、品種による違いがあるため。
- 個体によって尾椎(びつい)の数が15個から21個の間で異なるため。

体重を支える能力

馬の体は体重以上の負荷を支えるように作られているわけではありませんが、その吊り橋のような構造のおかげで、人や荷物を運ぶことが可能です。馬がどれほどの重さまで支えられるかは、馬の体重や骨の様子や体格、飼育状態やその日の体調、さらには騎乗形態や騎手の能力や鞍の形状という、様々な要因から決まります。

馬の骨格

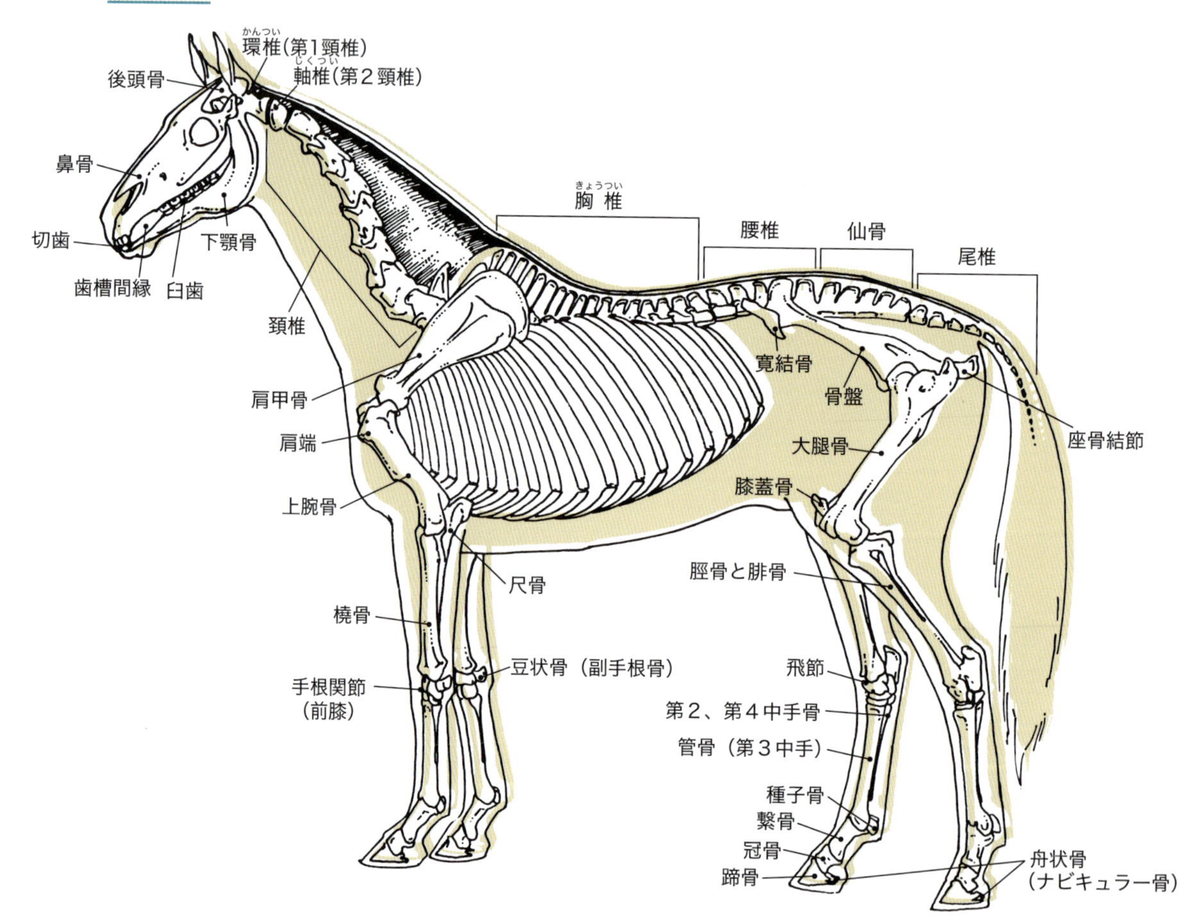

経験則から述べると、馬は自重の20%まで運ぶことができます。つまり、体重が1,200ポンド（約544kg）の馬は240ポンド（約109kg）までの負荷を運べることになります。これには騎手の体重と馬具の重さが含まれます。体格が良く骨太な馬は自重の20%以上の負荷を運ぶことができるかもしれません。骨の

馬の骨の内訳

頭蓋骨	34	
四肢	80	それぞれに20本の骨
肋骨	36–38	18対から19対
脊柱	51–57	頸椎に7本、胸椎に18本、腰椎に6本、結合した5本の仙椎、15本から21本の尾椎
合計	201–209	

馬と人間の四肢の骨格部位の対応

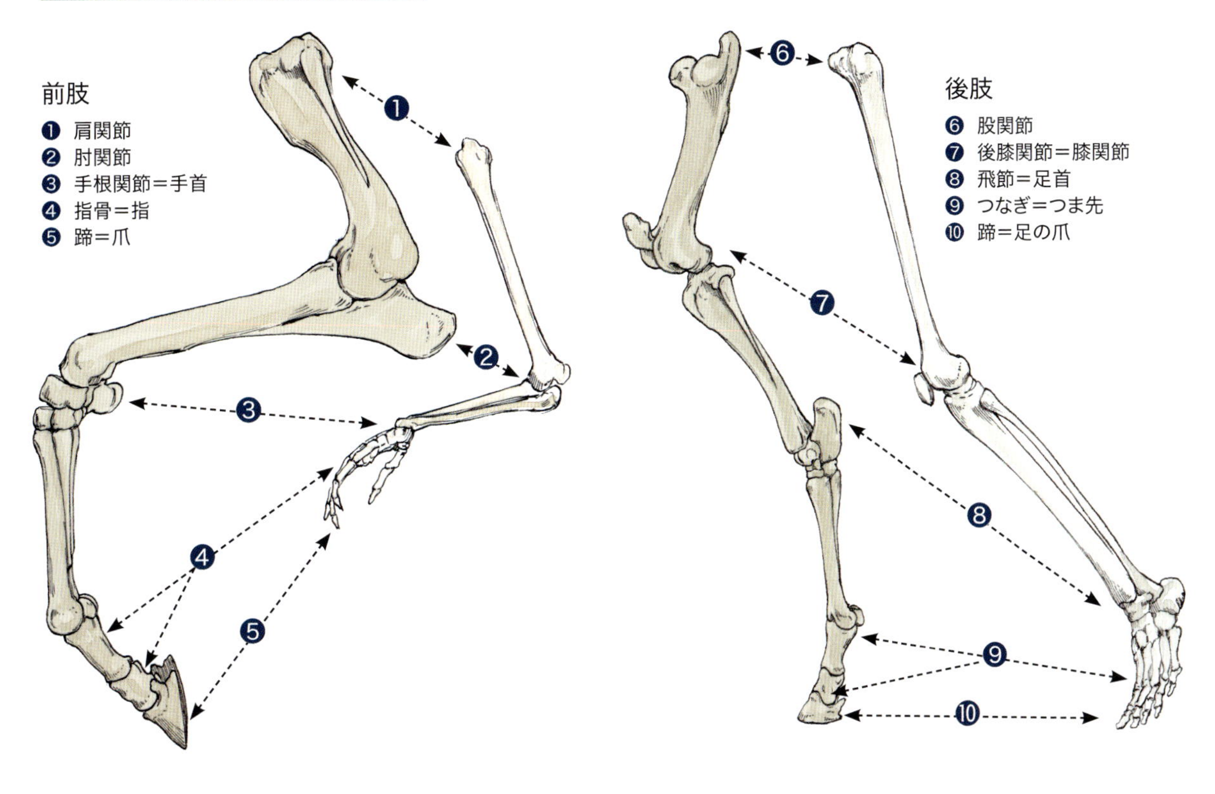

太さは前肢の手根関節のすぐ下の円周から求められます。体重が1,200ポンド（約544kg）の乗用馬の肢の周囲は平均で21.6cmあります。馬の骨がもっと細ければ自重の20%も支えられず、馬の骨がもっと太ければ自重の20%を超えて支えることができるかもしれません。

背中から腰にかけての部分が短くて強く、腰椎の丈夫な馬は、平均的な馬よりも重い負荷を運ぶことができます。そのため、アイランドホースやアラブ、クォーターホースは重い荷物を運ぶのに向いています。健康な馬は、やせている馬や体調の悪い馬よりも重い負荷を支えられます。常歩や速歩を得意とする馬は駈歩や飛越を得意とする馬よりも重い負荷を支えられますが、支えることのできる体重は騎手の技量によるところが大きいでしょう。

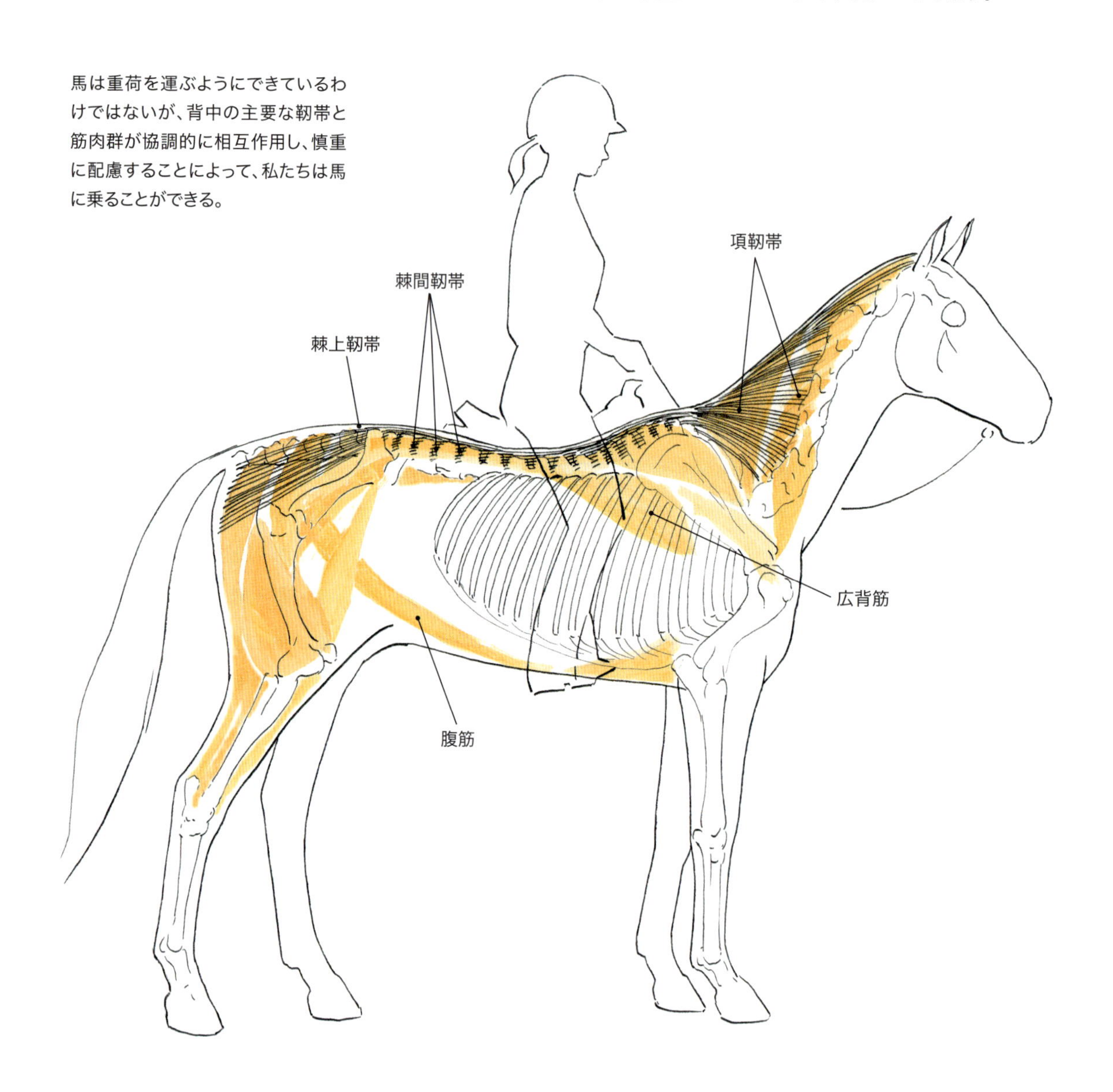

馬は重荷を運ぶようにできているわけではないが、背中の主要な靭帯と筋肉群が協調的に相互作用し、慎重に配慮することによって、私たちは馬に乗ることができる。

技量のある騎手はバランス良く馬に座ることができ、馬の運動と調和のとれた動きをすることができます。体の締りがなかったり、歪んでいたり、バランスが悪かったりする騎手は、人馬のバランスを崩し、馬の動きを邪魔し続けてしまいます。そのため、騎手の不安定な動きを補える体格の良い馬が初心者には必要になりますが、技量のある騎手は小さな馬にでも乗れるでしょう。

そして鞍の形も、馬が運べる荷重に影響します。鞍そのものの重さもありますが、騎手の体重はブリティッシュサドルでは鞍褥の接触面で、ウェスタンサドルでは鞍骨によって支えられます。ブリティッシュサドルの接触面は平均で $774cm^2$、ウェスタンサドルの接触面は平均で $1,161cm^2$ です。そのため、ウェスタンサドルはブリティッシュサドルの1.5倍の面積で騎手の体重を支えています。ただ、比較する際には、ウェスタンサドルの重さが6.8kgから18kgほどあり、ブリティッシュサドルの重さが4.5kgから9kgほどあることを考慮する必要もあるでしょう。

馬の背中の靭帯は加齢に伴い弱くなりますが、乗馬などで負荷がかかることでも弱くなっていきます。馬が快適に過ごし、健康であり続けるためにも、鞍を馬にしっかりと合わせて使い、正しい騎乗を身につけなければなりません。

後肢のロック

馬は立ったまま寝ることが可能であり、最小限の筋肉を使うだけで体を支えられる様、肢は独特の構造を持っています。支持機構、相補的構造、膝関節の固定という3つの仕組みによって、馬の立位での睡眠が可能になっています。

支持機構では、靭帯と腱が前肢の全関節と後肢の球節と繋関節を固定することで、馬の体重はうたた寝の間もまっすぐに支えられます。後肢の相補的機構は、後膝関節と飛節の間の一対の

1,000ポンド(約454 kg)の馬に対する生物統計

血液量	35.15 L
胃の容量	7.6 - 15.2 L
食事量	1日に7.26 kg
飲量	1日に19 - 38 L
排泄量	1日に18.16 kg
排尿量	1日に5.7 L
母乳の分泌量(授乳期)	1.5%の低脂肪で6.5%の高糖質の母乳を1日に34.2 – 41.8 L

体を支える構造(支持構造)

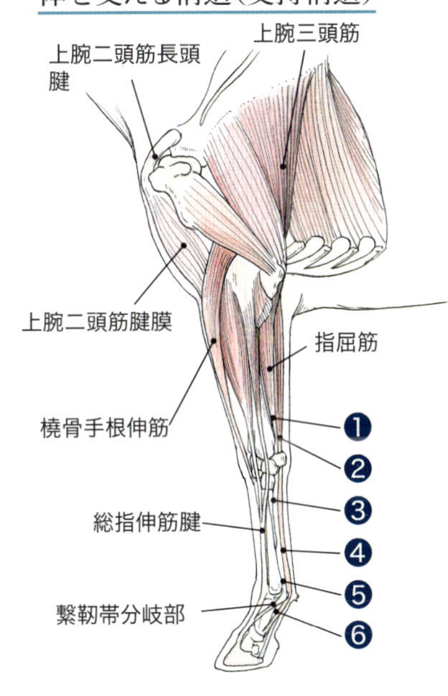

❶ 橈骨制動靭帯 ❷ 浅指屈筋腱(浅屈腱)
❸ 手根制動靭帯 ❹ 深指屈筋腱(深屈腱)
❺ 繋靭帯 ❻ 種子骨遠位靭帯

支持機構は馬の前肢を支え、安定させる。

相補的構造と膝関節の固定

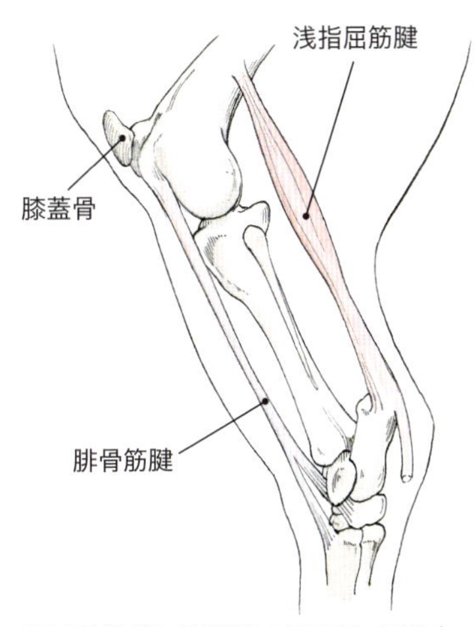

相補的機構と膝関節の固定は、仮眠中の後肢を固定する。それらは筋肉に分類されるが、この図の中では大きな腱のように見なされる。

筋肉が同時に作用することを指します。飛節が伸展すると後膝関節も伸展し、飛節が屈曲すると後膝関節も屈曲します。そのため、後膝関節がロックされると飛節も固定されます。馬の後膝関節は人間の膝にあたり、体重を乗せた肢の後膝関節はロックされます。このとき、もう一方の肢は蹄の先端を地面に着けるようにして休みます。数分ごとに馬は左後肢から右後肢へと体重を乗せ変えることで、休む肢を交替させているのです。

蹄の成長

馬の蹄はひと月に約0.64cm伸びます。一般的に、蹄が削れやすい環境を歩き回る野生の馬は、蹄が伸びる速さとすり減る速さは等しくなります。一方で飼育下にある馬の多くは移動が制限されており、足場は柔らかく整えられています。そのため飼育されている裸蹄（蹄鉄を履かない蹄）の馬の多くが6ヶ月ごとに蹄を切ってバランスを整えるケアが必要となります。装蹄の際には蹄を削ったり釘を打ち込んだりしますが、この部分は人間の爪と同様で知覚がありません。そのため蹄を切ることや蹄鉄を履かせることで馬を傷つける心配はないのです。

蹄の形が整っていて肢が健康な場合、蹄がすり減りにくい環境で生活や運動をする限りは装蹄の必要はないと言えます。しかし、後肢の蹄が柔らかい馬や蹄壁（ていへき）の弱い馬、蹄底（ていてい）の薄い馬や蹄が割れやすいなどの不調を抱える馬は蹄鉄を履かせる方が良いでしょう。理想的な蹄を持っている馬であっても、伸びるよりも早く削れてしまう環境で運動する場合には蹄鉄を履かせる必要があります。牝馬のアリアの蹄は私が見た中でも最も美しく整っていますが、私はコロラド山脈の丘陵地帯で乗馬するためアリアには蹄鉄を履かせ続けています。

馬のバイタルサイン

ライフステージ	体温(℃)	脈拍(毎分)	心拍数(毎分)
生まれたばかりの仔馬	38.3	70-100	65
幼年期	37.8	70	35
青春期	37.8	40-60	12-20
壮年期	37.5-38.6	30-50	10-14
老年期	37.2-38.6	30-44	10-15

第4章　馬の性質

馬は群れで生息し、一緒にいる仲間を強く愛する動物です。馬は集団でいることにより安全や快適さを手に入れます。馬の群れは安全の象徴でもあります。馬は他の馬と触れ合える距離にいることを好み、少なくともお互いを見ることができる状態に満足します。しかし、いつも同じ仲間と触れ合うことを好むにもかかわらず、ほとんどの馬は周囲に3.7mから4.6mのパーソナルスペースを保とうとします。

同じようなことは人間にも見られるでしょう。私は家族や友人と一緒にいることが好きですが、自分のパーソナルスペースも必要に感じます。ただ、集団における社会的な必要性に対して、個々がどのように行動するかは人間と馬では異なり、このことを知っておくことは馬を理解する際に役立つでしょう。

絆の形成

仔馬にとっての初めての絆は、母馬との間で強く結ばれます。仔馬が生まれてからの刷り込みの時期に、母馬が仔馬を舐めて低く鳴き、仔馬が母馬の乳を吸うことで、この絆は形成されていきます。最初の数週間は、仔馬は母親のすぐそばにいることを好み、母親も仔馬に対してとても厚く保護をします。

この絆は仔馬の成長にともなって自然と弱くなっていき、6ヶ月を迎えるまでに仔馬は徐々に自立し、母馬は離乳の準備を始めます。飼育下で生まれた場合、仔馬は一般的に母馬の姿が見えず声も届かない場所に移され、他の若い馬と一緒に暮らすことで友好関係を築いていきます。野生では、牝の仔馬の場合には母馬の次の出産に備えて離乳した後も親の元に残り、より一層強い絆が生まれることもあります。

また、野生でも飼育下でも離乳した仔馬は絆を形成するペアを求め、他の馬と友好を築こうとすることもあります。このように新たな仲間によって社交性が芽生えることは好ましいことです。仲間との絆は馬に自信や安心感を与えますが、仲間の馬と離れた際に大きな不安を与える原因にもなりかねません。飼育下でも引き離されることを不安に感じることがあり、これは群れとの別れや仲間との別れ、馬房から出るのを嫌がる原因の一つにもなります。

馬房から出ることを嫌がる馬はその場所を離れることに不安を感じています。仲間や馬房との繋がりを保とうとすることは安心感の裏返しでもあります。群れから引き離された馬は柵や障害物を乗り越え、群れへと戻ろうとするかもしれません。馬は常に互いの姿を確認し合うため、短時間引き離されただけでも、ペアの馬は神経をすり減らしてしまうでしょう。列をなして移動するときに、前の馬が急に方向を変えて進み、木の陰などに隠れてしまった場合には、後ろの馬はその馬の姿が見えなくなったことでパニックになるかもしれません。

馬は不安になると大きな鳴き声を仲間と交わそうとします。これは世話や注意を求める合図であり、気遣いを要求する行動の一つです。馬が馬房から出ることを嫌うのを防ぐためには、馬が常に同じ馬と過ごすのではなく、単独で過ごしたり、様々な馬と一緒に過ごしたりできるように経験させていくことが必要です。また、馬が同様の安心感を得るために、他の馬の代わりにあなたと絆を結ぼうとするかもしれません。

人間と馬に強い絆が形成されたとき、馬はその人が去ることを寂しく思うのでしょうか。これは猫を想像してみると考えやすいかもしれません。私たちが与える食事やていねいな手

★ ★ ★

馬の群れることへの執着を表す多様な用語。

ペアの絆は2頭の馬の間に形成され、この2頭は一緒にいる事を好む。ときにこの絆は問題を起こすほどに強い。

引き離される不安は、絆で結ばれたもの同士が、互いに触れることや見ることができない際に生じる神経症状である。これは馬房を出ることを嫌う行動や、仲間や群れから離れるのを嫌う行動に表れる。

仲間との絆は、引き離される不安から生じる、2頭の間の強い絆である。

馬房への執着心は、馬を馬房から出すことを不可能にしたり、馬を馬房へと走って戻らせたりするような不安感である。

群れとの絆は、馬を群れから引き離すことを難しくしたり、群れへと逃走して戻らせたりするような不安感である。

★ ★ ★

絆から生じる問題への対処

私たちの馬は生まれた土地で育てられるため、母馬とその仔馬の間には自然に親子の絆が形成されます。その一方で、常に近くにいる馬同士の間には、その絆ゆえの問題が生じてしまうこともあります。

たとえば、ジッパーとその母親であるジンガーを隣同士で放牧しても何も問題はありませんが、ジッパーに運動をさせたい場合には望まぬ結果を招くことになるでしょう。というのもジッパーの片耳と意識は常に母親のいる方向へと向いてしまうからです。これはまるで31歳の母親と20歳のセン馬の間に見えない臍の緒が繋がっているかのようです。

お互いの居場所を離すという単純な方法で、ほぼ確実にこの反応は失われます。実際に1年間ジッパーとジンガーの放牧場所を離してみたところ、その後1年が経とうとする今では、ジッパーはジンガーが隣の放牧地に放牧されていても気にはしません。

下の写真では、仲間のセン馬が引き離されることに不安を強く感じています。仲間から引き離されるということで、馬はしばしば健康を害することもあります。

入れに対して寂しく思うことはあっても、その気持ちを表面に出す馬はわずかでしょう。馬や猫の中にも、感情的になった際にそれを強く表すものもいますが、ほとんどが人間に対して冷淡です。これは、私たちと感情的な絆を強く結ぶ犬とは違うところでしょう。

独りの馬

馬は、仲間の馬などから離れて単独で過ごすことに適応できます。あなたが触れ合うことで馬の欲求を満たし、群れの中での社会性の代わりに馬の社交性を高めることもできるでしょう。定期的なブラッシングは馬同士が行うグルーミングの代わりとして役立ちます。厩舎作業でも、乗馬作業でも、日々の触れ合いは馬の欲求を満たし、絆の形成へと発展します。

それでも馬が孤独であるようならば、あなたや他の馬の代わりに、小型のポニーやロバや羊などの家畜やペットと一緒に過ごさせたり、放牧したりすることもできます。

相互のグルーミング

相互のグルーミングは馬同士の気遣いの方法であり、相手の馬に世話をしたり、注意を向けたりします。馬が初めて気遣いを受けるのは、母親が新しく生まれてきた仔馬を舐めるときです。相互のグルーミングは、「あなたが私の背中をこすってくれたから、今度は私があなたの背中をこするよ。」というようなお返しの意味合いがあったり、そのような意味合いを持つように変化したりします。頸やキ甲や背中をかじられることを許すには、相手を信頼する必要があるため、一般的にこの行動は仲の良いペアの馬同士で行われます。

初めて若い馬のキ甲をブラッシングしたときには、馬が振り向いてお返しをしようとするでしょう。これは馬にとって自然で本能的なことですが、あなたが馬に門歯（前歯）でかじられたら大怪我になりかねません。その馬が向きを変えたり、あなたに顔を近づけたりすることができないようにすることで、「ありがとう、でも結構だよ。」と馬に伝えることができます。これを繰り返すうちに、馬がお返しをしようとしてくることもなくなるでしょう。

かじることの他にも、グルーミングをする馬同士が逆向きに並んで立ち、互いにハエを叩いて追い払うこともします。

気遣いの行動は、相手の世話をしたり注意を向けたりすることを意味し、**気を惹こうとする行動**は、相手に世話や注意を求めることを意味する。

★ ★ ★

ほとんどの馬が仲の良いペアと活発に相互のグルーミングを行う。

序列

序列は鶏から犬や象に至るまで、あらゆる動物の集団に存在する順位性です。馬はペアでいる場合でも群れでいる場合でも、自分たちを力関係によって順位付けします。馬の順位に影響する要因には、年齢や体の大きさ、力の強さや運動能力、性別や気性や集団に属している期間の長さがあります。序列の形成期には、しばしば馬は極めて暴力的になり、蹴ったり噛んだり追い回したりするようになりますが、序列が決まった後は、互いに立場を理解しているため必要以上の攻撃性はなくなります。

私たちは馬の序列を統括し、人間が頂点にいることを強く教えるだけでなく、人間を賢く正当なリーダーであると確信させなければなりません。安全で円滑な管理のために人間は頂点にいなければならないのです。

序列は食事の際に最も顕著になります。馬の集団の中での人間の順位は、その人が餌を与える様子を観察することで簡単にわかります。もし馬が人間の元へ餌を奪いに来て、人間が餌を落として逃げてしまえば、序列の頂点はあなた以外の誰か、つまりいずれかの馬が担うことになるでしょう。放牧された集団において序列の形成はとても活発に行われますが、馬房や柵の中にいる馬の集団の中でも起こることがあります。

新しい馬が群れや集団や厩舎に加わると馬たちは少し混乱します。ですから怪我を防ぐためにも、新しい馬を段階的に群れへ加えることが重要です。新しい馬を直接群れに加えるのではなく、馬同士が見たり匂いを嗅いだりすることができるように、

馬の集団は序列や社会的順位の入れ替わりの際に暴力的になることがあるが、最終的にはある序列へと落ち着く。

活発な集団の近くで数日間過ごさせるのが良いでしょう。その後、群れの中でも協調的な数頭の馬と一緒に放牧し、それから残りの馬を加えていくのが良いでしょう。

オスとメスの争い

馬の社会は女性支配であり、群れは女性がトップに立つ派閥や一団、仲良しグループのようなものと言えるでしょう。野生では牝馬が実権を握りますが、この順序は飼育下でも頻繁に見られます。トップの牝馬はリーダー牝馬やボス牝馬、アルファ牝馬などとも呼ばれます。さらに牝馬は一般にグルーミングや遊戯を行うためにペアで絆を形成します。

私の31歳になる牝馬のジンガーは、明らかに牧場のトップであり、すべての馬から厚遇(こうぐう)され尊敬を集めています。すべての馬が牧場の中でのジンガーの動きに注意を向けており、放牧されている群れの馬すべてがジンガーをリーダーとして認め、その地位のために争うことはしません。ジンガーが小川に水を飲みに行くと大移動が始まり、牧草を食べ終えて休憩場所を見つけると、群れのすべての馬がその周りで休むのです。ジンガーはふざけた仔馬や発情した牝馬や立場をわきまえないセン馬に対しても屈することはありません。

これは元気なセン馬同士の模擬闘争だろうか、それとも序列や性的支配のための本気の勝負なのだろうか?一方の馬は急所を狙い、他方の馬はそれを前肢で守ろうとしている。ただの戯れであってほしい。

飼育下におけるセン馬の群れは、野生における独身オス群に相当します。さらに、セン馬は模擬闘争や過度な競争に耽(ふけ)ることで、互いに自らを誇示しようとします。ほとんどのセン馬がそうではありませんが、中には牝馬の群れに上手くなじむことができる馬もいます。セン馬のジッパーはそのような馬であり、他の馬のパーソナルスペースには滅多に踏み込まず、牝馬と適度な距離を保ち、しつこく匂いを嗅ぐこともしないため、牝馬と放牧しても、他のセン馬と放牧しても安全です。一方で、ディケンスのようにトラブルメーカーとなってしまうセン馬もいます。放牧の際に牝馬と一緒であったり、近くであったりすると、いつも大量の悲鳴と共に、排尿や逃走、群集や噛みや蹴りということが引き起こされてしまいます。実際にはディケンスのような、他の馬に触れたり匂いを嗅いだり噛んだりすることが好きな馬は、繁殖の際に妊娠のできる発情中の牝馬を探す際の良い「当て馬」になります。

牡馬は飼育下よりも野生の場合の方が難しい役回りをつとめます。その役割は自らの属するハレム群を維持し、子孫を残すことです。一方、飼育下の牡馬は人

牝馬特有の神経症

ほとんどの牝馬が常に高い理解力を持ち、協調性を十分に維持するのに対し、発情期になると明らかに様子が変わる馬もいます。そのような馬は牝馬特有の神経症を発症しているかのように興奮したり、神経質になったり、思慮分別に欠けた行動をしたりします。これは演技や競技を行う際や牧場作業の際に実に厄介になります。もし牝馬が繁殖以外のために飼育されていて、牝馬特有の神経症が激しいのであれば、より安定して信頼できるパフォーマンスのために、卵巣を除去するという方法もとれます。別の方法としては獣医によるホルモン投与によって牝馬の発情期の周期を抑制することもできますが、これにはリスクを伴うため慎重な判断が必要です。多くの場合において、馬が発情期であるかにかかわらず一緒に作業を行うことで、相互の理解を深めることが最良の手段です。馬の精神状態が最も悪くなる期間は一般的には1日か2日程度ですので、ホルモンの影響を受けている牝馬には数日間休ませるのが良いでしょう。

為的な繁殖や人工授精のために飼育されるため、単独で馬房に閉じ込められます。そのため他の馬との自然な触れ合いを楽しむことや、群れからの恩恵を受けることはありません。牡馬とセン馬を一緒に放牧すると、妊娠の危険はないにせよ、しばしば闘争や怪我が生じてしまいます。ただしアメリカ西部の大牧場で暮らしている牡馬は例外的です。牡馬は驚くほどに自然な落ち着きがあり、社交性があります。その身体的な違いを除いては、セン馬と見間違えそうなほどです。

去勢

飼育されているオス馬の90%が去勢されており、これはごく普通なことです。セン馬は一般的にオス馬や牝馬よりも気質が安定しており、幅広い用途での使用に適しています。対照的に鳴き声を上げたり、気難しい行動をしたり、メスの仔馬や牝馬に対して性的な関心を示したりすることは、1歳頃の牡馬の典型的な特徴です。去勢によって他の馬を軽く噛むことや、からかうことなどのすでに確立した牡馬特有の習性がすぐに変化することはなく、これらの習性が消え去るには長い時間を要するでしょう。

去勢は一般的に馬が1歳のときに行われます。去勢を遅らせれば、筋肉の発達は向上するかもしれませんが、牡馬としての習性をより深く形成してしまいます。セン馬は牝馬を妊娠させることはできませんが、牡馬のような行動をとり続けることがあるかもしれません。

馬の遊び

馬同士の遊びは手荒になることもありますが、仔馬や若い馬の身体的な発達と社交性の発達の両方に関わる基本的な行動です。馬は単独で遊ぶこともあれば、複数頭で遊ぶこともあります。馬の遊びは、走ることや跳ねることの他にも、肢で蹴ることや後ろ肢で立つことや噛むことなどと様々です。仔馬が覚える最初の遊びは走ることであり、それから後ろ肢で立ち上がることなどもし始めます。徐々に他の馬へのちょっかいや回転や蹴りなどを身につけていきますが、これらはどの年齢の馬も好んで行う遊びです。

牝馬は仔馬の遊びに寛容ですが一緒に遊ぶことは滅多にありません。やはり同じ年齢の馬と遊べることが若い馬にとって最も良いでしょう。歳をとった馬の多くは仔馬のする遊びに興味がないため、仔馬の活発さにもどかしくなります。荒天や干ばつや食糧不足などでストレスが大きくなると、遊びの頻度は大幅に減少します。

遊びは仔馬に闘争行動を身につけさせますが、これは繁殖に備えての訓練や、反射反応や競争心の発達、スタミナ全般の向上に寄与します。仔馬は生まれた日から自分の能力の限界を試し始

仔馬でも特にオスの仔馬は、後ろ肢で立ち上がってボクシングのような遊びをする。蹄が一緒に遊んでいる馬の無口に絡まってしまいかねないため、放牧中に無口をかけることは避けるべきである。

多くの馬は歯でものを拾い上げて周りに放り投げることを楽しむ。

め、おもしろい遊び仲間がいる限り、このような遊びを続けます。オスの仔馬は軽く噛んだり肢で軽くつついたりすることで、他の馬を遊びへと誘い、両方の馬は元気良く飛び跳ねてスパーリングや噛み合いを始めます。仔馬同士は後ろ肢で立ってお互いを噛んだりボクシングのように前肢で殴ったりもします。一方でメスの仔馬はオスの仔馬ほどは手荒な遊びはせず、基本的に走ったり蹴ったり相互のグルーミングに参加したりします。

多くの馬が歯で様々なものを掴んで遊びます。それらは棒や馬具やタオルであったり、飼料袋やロープであったりします。馬は歯で掴んだものを、そのまま振りまわしたり周囲に投げ飛ばしたりもします。

若い馬が不適切な行動や社交性を身につけてしまうと、レッスン中にもあなたと遊ぼうとしてしまいます。馬の遊びは危険ですので、馬が人間と遊ぶ気を無くすようにして、他の馬と遊ぶ機会を与えるのが最良の方法でしょう。

好奇心と探索行動

馬の最も可愛らしく大切な才能の一つが好奇心です。仔馬が初めて母乳を飲み、生き延びることができるのも、強い探索行動のおかげと言えるでしょう。

馬の好奇心は行動の発達に不可欠であり、物事の習得に必要であるので、決して潰すことがないように細心の注意を払わなければなりません。さらに、好奇心は馬を調教する際にも役立ち、馬の持つ興味や貴重な才能を引き出すものでもあります。

馬が何か新しいものや珍しいものを見つけたとき、馬は次のような一連の反応を起こします。

馬は驚くほど好奇心が旺盛であり、私たちはその貴重な才能を潰すことがないように慎重に扱わなければならない。まだ哺乳期であるドリフターとその父親のドリフティーは、様子や匂いや音から、芝刈り機がそれほど危険なものではないと判断して、もっと良く見たり匂いを嗅いだりするために近づいてきた。好奇心が満たされる機会を作ることで、馬はより自信に満ちた動物へと成長する。

1 最初の反応では、馬は対象物との距離を適度に保ちながら用心深く構える。

2 視覚や嗅覚や聴覚を使い、様子を探りながら円を描くようにして対象物に近づく。

3 対象物に触れられる距離まで近づいたとき、それが食料や水のように安全で役に立つものであることに気がつくかもしれないし、危険なものと判断してもっと距離をとるかもしれない。

馬がいる放牧地にゆっくりと近づき、じっと座っているだけで、あなたは興味深い体験をできるでしょう。馬の反応は様々ですが、まず鼻を鳴らして斜めを向いて前後に歩き、勇気のある馬が匂いを嗅ぎに近づいてきます。ここまではいつも同じですが、馬が慎重に距離をとっている段階であなたが急に動いてしまうと、馬はどこかへ行ってしまいます。

好奇心は馬にやっかいなことを覚えさせてしまうこともあります。かんぬきの操作や門の開閉、蛇口の開け方や給水器の動かし方、電気のオンオフなどの方法を身につけてしまう馬もいるのです。

放浪生活

馬は生まれながらにして歩き回る動物です。野生の馬にとって、エサ場と水場の移動はしばしば長旅になるため、馬は移動しながら少量の食事を頻繁にとります。歩き続けることで、筋肉は常に運動して温まった状態になり、感覚が鈍ることもありません。筋肉や神経の反応の良さは、捕食者を察知し逃走するのに役立ちます。

ほとんどの馬が他の馬について行くことを好みます。いつどこへ行くのかは群れの中の2、3頭だけによって決められており、それを決定するのは多くの場合にトップの牝馬です。飼育下にある馬もこの本能を保持しており、放浪しながら信頼できるリーダーに自由について行けることを望みます。

リーダーについて行く

馬は強くて適任のリーダーを見つけ、そのリーダーについて行くことに満足します。これは調教に活用できます。何よりも、あなたと馬が相互の信頼と尊敬の関係を築いたなら、馬は喜んであなたに従うでしょう。また、経験の浅い馬を新たな障害物に挑戦させるとき、経験豊富な仲間の馬を障害の側や上に先導させる方法があります。これは特に、初めて小川を渡る際にはとても便利です。馬があなたを信頼し、リーダーとみなしているのなら、馬から下りて障害物を引き馬で通すこともできます。(133ページ参照)

ホース・クリニシャンは、親しくない馬に対して心を通わす気を起こさせるときや、引き手や手綱を取らずに馬を連れて歩くときに、馬が本来的に持つ、ついて行こうとする傾向を上手く利用しています。

ほとんどの馬は他者について行き、信頼できるリーダーがすべてを決めることを好む。

第5章　ルーティン

馬は決まった生活習慣を持つ動物で、自分の本能と欲求に従って生活を送ることに最も満足します。

野生の馬は日々の行動パターンに強いこだわりを持っているように見えますが、天候や気温、風向きや湿度、そして気圧がその日の状況を決定するように、季節によっても変化します。馬は強風の中で落ち着かなかったり、高い湿度の中では元気がなかったり、気圧の変化によって気分が変わりやすかったりします。しかし、このように様々な影響を受けながらも、馬の生活習慣は全く変化しません。

馬の体内時計

馬が私たちの生活を整えると言っても過言ではありません。馬の持つ規則正しい体内時計と季節感覚、そして日々の生活習慣は、ときに乱れてしまう人間の生活を正してくれます。

食事

馬の視点から見たときの最も重要な生活習慣は食事です。草食動物である馬は、移動し続ける生活の中で進化してきたため、消化器官は少ない量の食事で回数を多く必要とするように発達してきました。放牧されている馬は一般的に1日に16時間を食事に費やします。馬房の中で生活する馬は時間通りに食事が与えられることを想定しているので、忘れたり遅れたりすると騒いだり調子を崩したりします。

飼育されている馬の場合、自由に食事がとれるようにしても、鶏や犬や猫のようにうまくはいきません。というのも、馬は食べ過ぎる傾向があるからです。イネ科の乾草を与えたときには、食べ過ぎるということは起きませんが、しばしば踏みつぶされたり汚されたりしてしまい、残された乾草はゴミになってしまいます。

馬の日課の中でも一番大切なことは、
十分な食事をとることである。
馬は食事に16時間を費やす。

飲み水

「馬を水飲み場まで連れて行くことはできるが、水を飲ませることはできない。」この諺は実に当を得ています。馬は自らが飲みたいときにしか水を飲まず、多くの場合に、繊維食物の大半を食べたすぐ後に飲みます。

水場にたどり着けない馬は脱水症状か宿便による疝痛で死んでしまいます。遠出をする際に、常に新鮮な水が手に入ることが、馬の喉の渇きを癒やすための一番の保証になります。

排便と排尿

多くの馬が放牧地や馬房の中で決まった場所を選んで排泄をします。牡馬の場合にはしばしば嗅覚的な習慣とテリトリーのマーキングという意味合いも含みます。牡馬以外の馬は、本質的に綺麗好きな性質であり、馬がこのような傾向を持っているおかげで私たちの掃除が楽になっているとも言えるでしょう。広い牧草地では、区画ごとに馬の食事や排泄の場所を分けることがあります。これは自然な寄生虫予防の方法でもあります。

馬は2、3時間ごとに、1日あたりでは5回から12回の排便を行いますが、ストレスが多い場合や体調不良の場合にはこの回数は増えます。1回の排便では5個から10個のボロ(馬糞)が排泄され、一つのボロにはおよそ3万個の寄生虫の卵が含まれています。

待っていても仕方がない。ほとんどの馬は跳ね返りを気にして、硬い道路の上では排尿をしないが、この警官が乗っている馬は、肢をより広げる体勢をとることで、仕事場の環境に適応してしまっている。

牝馬の場合
発情期のメス馬は排尿の頻度が増し、少量ずつで回数が増える。馬は合図によって排尿することを身につける。私のメス馬のアリアは、飼い付けの時間に私が厩舎に向かうのを見ると、いつも砂利場の中で排尿し、それからイネ科の乾草を噛みながらリラックスした時間を過ごすために、マットの敷かれた飼い桶の方へとやって来る。

そのため、馬に汚染された場所で食事させると、寄生虫の蔓延につながってしまいます。

一部のポニーを除いて、馬は移動中でも尻尾を上げることで排便ができます。一方、排尿は一定の姿勢をとらないとできない行為です。馬は排尿の際に肢が濡れるのを嫌がるため、飛沫の跳ねない地面を選びます。このときの体勢はオス馬とメス馬で異なります。メス馬の場合、頭を下げて背中を山なりに持ち上げ、後ろ肢を後方へと広げて尻尾を上げます。オス馬の場合も四肢を伸ばしますが、メス馬よりも前肢と後肢を離すので、背中は平らであるか、反らすでしょう。

馬は4〜6時間ごとに排尿します。ロングトレイル中や馬運車での長距離の移動の際には、馬にも休憩を与えるのを忘れてはなりません。移動中、馬運車に敷き藁がない場合には馬は排尿を我慢し続けるかもしれません。そのため馬が牧草地で排尿できるように定期的に馬運車から下ろす必要があります。乗馬中に馬が排泄をする体勢をとったときには鞍から腰を上げて馬の背中を楽にしてあげるべきでしょう。

ここで注意しておいてもらいたいことは、普段は大人しい馬がグルーミングや装蹄の最中に落ち着きがないときは、厩舎の床に撥ねさせたくないために排尿を我慢しているのかもしれないということです。これは訓練では解決することはできませんが、放牧地や新しい敷き藁を入れた馬房で少し休憩を与えることで、習慣づけさせることができます。

ほとんどの馬が新しい藁が敷かれた馬房ではすぐに排尿します。馬はその匂いを嗅ぐことを好み、自分の居場所のように感じられると考えられています。競馬で優勝馬の検尿が必要な場合、藁を深く敷いた馬房に馬を入れるのはそのためです。そうすれば馬は検体の提出を拒むことはできません。

グルーミング

馬たちが習慣的に行うグルーミングには様々な種類があります。2頭の馬による相互のグルーミング以外にも、1頭だけで自分自身をグルーミングすることもあります。1頭だけでグルーミングをするときには、馬は砂浴びをしたり、何かものに体をこすりつけたり、引っ掻いたり、かじったりします。特に被毛の生え替わりの時期や雪解けの季節にはこのような行動が強く見られます。

馬は地面に転がって体をこすることで、不要な被毛を取り除いたり、皮膚まで雨が浸みるのを防いだり、汗を乾かしたり、土や泥をつけて虫を寄せ付けないようにしたりします。砂浴びの

馬着を着せたことによって、砂浴びへの欲望がかき消されてしまうということはない。ただ、注意しなければならないのは、馬着や放牧用の無口は、何かに引っかかった際に外れるように安全に設計されたものでなければならないということである。

前に馬は前掻きをして地面を柔らかくすることもあるでしょう。砂浴びの後、馬は立ち上がってゴミを振い落とします。これは馬にとって自然な欲求であり、満たしてやらなければなりません。運動後の30分程度の放牧の際など、その後の手入れを容易にするために砂浴びの場所を選ぶことは必要かもしれません。これは練習後の体を冷ましたり汗を乾かしたりするのと同時に、馬に日々変わらない日課をこなす満足感も与えます。

体をこすることは、馬にとってのもう一つの楽しみです。これは痒い箇所や虫に噛まれた箇所を掻いたり、毛や泥や汗を落としたり、傷の不快感を癒やしたりするのに役立ちます。馬は歯を使って前肢や脇腹や馬着の部分をこすり、頭や頸は後ろ肢の蹄を使って引っ掻きます。馬は体のあらゆる箇所を建物やフェンスや木にこすりつけるため、馬着が破けたり、馬体に傷ができたり、尾の付け根がはげてしまったりすることもあります。しかしこれは馬にとってはごく普通のセルフグルーミングです。

危険を防ぐために、フェンスや木や馬の蹄に引っかかる可能性のある無口や馬着などをつけたまま放牧するべきではありませんが、馬が逃走するのを防ぐためには特に無口は有効で、馬を集める際などに活用できます。

馬の寝転び方と立ち上がり方

砂浴びや睡眠の際、馬はいつも決まった方法で寝転びます。まず後ろ肢を少し前に踏み込み、前肢を少し下げ、曲芸のように、前後の肢を近づけます。それから体の向きを変えたりするかもしれませんが、気に入った場所や向きを見つけると横になります。その場所に満足すると、馬は頭を上げて前肢を曲げ、前肢のつなぎや膝の部分でひざまずき、体の下に後ろ肢を挟み込むようにして腹部を地面の上に落ち着かせます。

立ち上がるときには、馬はまず前肢を体の前に出し、前躯(ぜんく)を持ち上げてから後ろ肢で後躯(こうく)を持ち上げます。

もし地面が硬かったり鋭かったりする場合には、肢に切り傷を作ってしまいかねないため、馬には寝転がるための柔らかい床が必要です。

横になるとき

馬が横になったり立ち上がったりするときの前肢の様子を見てみる。横になるときは、❶前肢を曲げ、❷ひざまずき、❸後躯を下げる。

立ち上がるとき

立ち上がるときは、❹前肢を伸ばし、❺前躯を持ち上げ、それから❻後躯を持ち上げる。

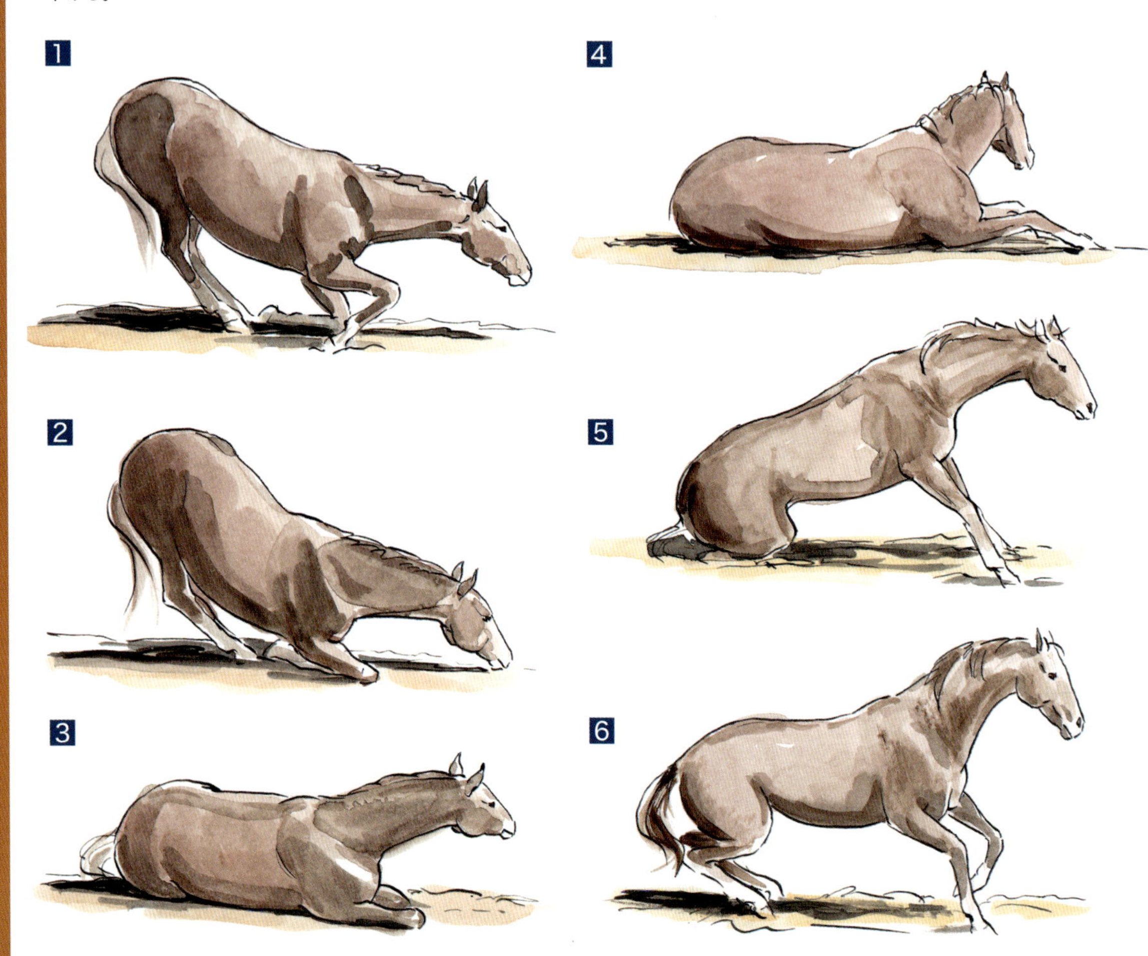

睡眠姿勢

馬は1日に5時間から7時間を睡眠に費やしますが、3種類の姿勢をとりながら休んでいます。安全な状況でリラックスした馬は、2番目や3番目の姿勢で休む傾向があります。

1 立位での休息

馬は頭を下げて立ったままうたた寝をしますが、これは馬にとって最小限のエネルギーで駐立することのできる姿勢です。姿勢を保持する機構と筋肉の馬特有の構造によって前肢を固定することで、うたた寝中に後ろ肢を片方ずつ休ませることが可能です。瞼は半目からほぼ閉じた状態にあります。1歳馬や歳をとった馬は毎日4時間ほどの睡眠をこの姿勢でとっていると考えられています。ノンレム睡眠でのうたた寝は心拍数と呼吸数の低下と、筋緊張の弛緩という特徴を持ちます。

立位でのうたた寝

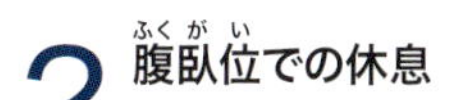

2 腹臥位（ふくがい）での休息

腹臥位で居眠りをするとき、馬は横向きになり、場合によってはあごを地面に置きます。一般的に肢は体の下に畳まれ、すぐに立ち上がることができるようになっています。ノンレム睡眠は一般的に腹臥位のときに起こります。1日に2時間ほど馬はこの姿勢で休息しますが、それより長時間にわたると、臓器への圧迫が起こり、不快感や体への害が生じます。

腹臥位

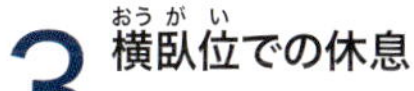

3 横臥位（おうがい）での休息

リラックスした馬は腹臥位の状態から馬体を倒し、頭を地面に横たえて四肢を投げ出し、馬は目を完全に閉じます。横臥位での休息時には深いレム睡眠を体験するため、肢が僅かに動いたり蹴ったりし、唸りやいびきなどの鳴き声が聞こえるかもしれません。呼吸数と心拍数は上昇します。環境によっては、馬はこの状態で1時間近く寝ることもあります。

横臥位

馬のような早成性の動物は、人間のような晩成性の動物よりも、レム睡眠をあまり必要としません。レム睡眠での休息は睡眠から覚めにくいため、馬が十分に安全を感じていなければ、手足を伸ばして寝ることはありません。

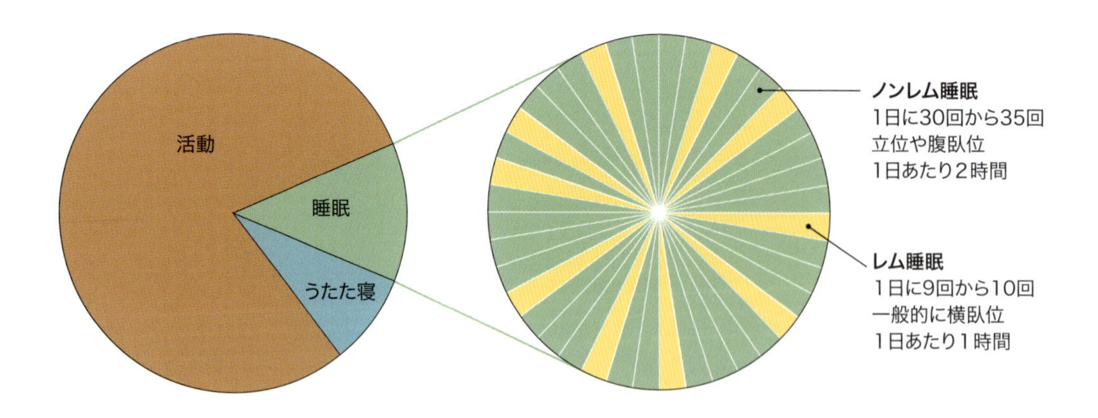

★　★　★

ノンレム睡眠は、ゆっくりした定期的な脳波が特徴である。意識は活動していないが、筋肉が完全にリラックスしているわけではない。

レム睡眠では、筋張力がなくなるが、むしろ脳波はより活発になり、歩いている状態に近いほどである。馬にとってはより深い睡眠となる。

★　★　★

休息と睡眠

人間は睡眠をまとめて夜の間にとることが多いですが、馬は1日に20回から50回のうたた寝を繰り返すことで睡眠をとります。野生の馬は日中に短時間で睡眠をとり、夜は捕食者を警戒して見張り続けます。飼育されている馬は日中も夜間も睡眠をとりますが、短時間の睡眠やうたた寝をする以外は周囲を見張るという本能は残っています。

仔馬は生後数週間、1日の半分以上の時間を睡眠に費やし、残りの時間は母乳を飲むのに使います。健康な仔馬のほとんどが腹臥位（71ページ参照）で休みますが、2歳を迎えるまでに大人の馬と同じように休息をとるようになります。

隠れ場

馬は驚くほど寒さに対して強い生き物です。天然の隠れ場がない場合には隠れ場となるものを用意するべきですが、厳しい冬の嵐の中でも馬が馬房に入らずに外で立っているのを見たことがあるでしょう。そのような馬は馬房の中にいることに窮屈さや閉塞感を感じるのかもしれません。もし嵐が吹き荒れる危険な日であったとしても、広く逃走しやすい屋外を好む馬はいます。飼育されている馬であっても厩舎に入ることを嫌がる場合もあります。そのような馬は雹（ひょう）やあられの屋根に叩きつける音が嫌いであったり、雪が屋根から落ちる急な音への恐怖を抱いていたりするのかもしれません。馬にとってはオープンな場所の方が安全で暮らしやすく、その被毛はあらゆる天候の中でも馬を快適に保ちます。

自衛本能

馬が怪我を避けたり、逃げ道を確保したりすることは、高い自衛本能によるものです。自衛本能の高い馬は警戒心が強く、注意を払うことができるので、私たちが思っているほど心配する必要はないと言えます。私の飼育している牝馬のジンガーのように、危険な状況を避けることで、31年間で1回しか怪我をしていない馬もいます。しかし一方で、ディケンスのように、注意力が低く要領が悪く、いつも切り傷や擦り傷のある馬もいます。

慣れた場所であっても、見慣れないものを見つけたときに馬は驚くかもしれません。私は馬着を厩舎の床に落とすことは滅多にありませんが、もし私がそうしてしまい、そこに馬が引かれて入ってきたら、おそらく馬は馬着を何か危険なものかもしれないと思い、「一体何だろう?」と一瞬立ち止まって考えることでしょう。

★ ★ ★

早成性の動物とは、生まれたときから比較的自立して動くことのできる動物である。

★ ★ ★

犬

牝馬は夜の間に仔馬を産みますが、これは生まれたての仔馬や出産中の牝馬が捕食者に狙われないようにするためです。また仔馬が立ち上がり、歩くことができるようになるまでの時間を確保する目的もあります。このように考えていくと、飼育されている馬の多くが犬を強く嫌う理由も理解できるのではないでしょうか。馬によっては犬から逃げるために柵を越えたり、振り向いて歯をむき出して追いかけたりするかもしれません。

29歳になるサッシーは私が仔馬から育ててきた馬であり、常に犬と一緒の生活をしてきましたが、それでも犬に向かって攻撃的な態度を強くとることがあります。サッシーは決して戯(おど)けているわけではなく、頑固な牛や慣れないラマやエミューに対しても警戒心を抱くことがあります。

馬が利用できる隠れ場の一つに木陰がある。木陰や厩舎の陰は、馬が夏の強い日差しを避け、日なたを好む虫を寄せ付けないためにも役立つ。

この仲の良い2頭は捕食者と非捕食者の関係を超えて、互いにすっかり楽しんでいる。

調教中にトレーニングエリアへ犬が入って来たときには、馬がその犬に慣れており、仲が良い場合を除いて、基本的に犬を外に追い出します。もちろん例外的に馬と犬の間に絆が結ばれることがないわけではありません。

逃走、生存、怯え

馬は何かに驚いた拍子に逃走することがありますが、馬はまず走り、その後に状況を理解しようとします。馬が恐怖を感じたり驚いたりした対象から、立ち止まって振り返るまでの距離を、逃走距離と呼びます。物干しロープのシャツに驚き、数歩の距離を逃走することもあれば、熊から400m以上逃げ続けることもあります。また馬が立ち止まって振り返ったときに、対象物が見えなくなっていたときには、馬はより一層の不安を感じることになります。

あなたは馬が危険に際して優れた洞察力を持つと考えるかもしれませんが、実際に危険な状況でも、そうでなくても、馬は全く同じように不安を感じます。馬が特に何かを怖がっている場合でなくても、信用できる人間や動物や慣れた物以外の存在からは距離を保とうとします。

その場で怯えるのか、それとも逃走するのか

経験豊かな馬は度胸があり、今までに出会った様々な経験の記憶があるため、単に驚くだけでしょう。馬の驚く反応は、その場で怯える反応とも言い換えられます。馬の心拍数は急上昇し、体をびくつかせますが、肢は動きません。馬がこのような状態になったとき、騎乗中の人間はその状況に耐えるしかないのです。

しかし馬が臆病であれば、馬が怯えて走り出すこともあります。乗馬中にこのようなことが起こるととても危険です。

馬を悩ませるもの

突然キジやアヒルが飛び立ったり、鹿が茂みから飛び出してきたりしても、もちろんそれらは馬にとって命に関わるような危険ではありません。それでもそのような突然の動きや音に対して馬は素早く反応し、驚いて横に飛びはねたりします。このようなことが起こると、たとえ経験の豊かな騎手でも落馬しかねないでしょう。

ある天気に恵まれた日、ジッパーと私はいつものように手綱を伸ばした常歩で牧草地を歩いていました。私の本では様々な年齢のジッパーが繰り返し出てきますが、これは17歳のときでした。ただ、この日は高く伸びた牧草の陰に子鹿が隠れていたのです。私たちがその場所に近づいたとき、というよりむしろそ

の上に肢を下ろそうとしたとき、ジッパーは突然飛び上がり、6mも左横に飛び退いて子鹿がいた場所を見ていました。その間、私の体は鞍から離れて宙に舞い、気がついたときには地面に体を打ち付けていたのです。

身近なものが思いがけない場所にあったり、急な動きや不思議な動きをしたり、奇妙な音を出したりするだけでも、馬は恐怖を感じることがあります。たとえば、傘が開くときや車やバイクの動き、ビニールの袋やシートや風船の音、水たまりや川など、様々なものに驚く可能性があるのです。

豚にも驚く

新生代にイノシシの祖先がエオヒップス（馬の祖先）を攻撃したことがあったかもしれないが、飼育下で豚が馬に危害を加えることはおそらくないだろう。しかし、それでも豚の匂いや突然の動きや物音は多くの馬を警戒させる。

足を竦(すく)ませたジッパー

牧場の近くの道に電話線が敷設されるとき、ダイナマイトを使って岩に穴を開ける作業が数週間続いたことがありました。このとき作業員がずっと私たちの近くにいたにもかかわらず、突然鳴る大きな音に馬が慣れることはありませんでした。不規則な爆破の音は私を悩ませましたが、同時に馬が驚くことにも納得もできました。なにしろ爆破があると私の心拍さえ急上昇するのですから。

ある日、私がジッパーに乗って湧き水の流れに沿って歩いていると、私たちの後方で爆破音がしました。爆破の前にはジッパーは頭と頸を低く伸ばして、水の上をリラックスしてぶらぶらと歩いていました。しかしダイナマイトが爆発した瞬間に、ジッパーは体をすくませて尾を挟み込み、腰を低くして頭を持ち上げました。ジッパーは緊張して体を硬くし、馬体を上に素早く跳ね上げたのです。着地と同時に4本すべての肢が同時に水面を叩き、泥水を撥ね上げました。そして「何事だろう？」と言うようにジッパーはその場に立っていましたが、私がジッパーを推進すると警戒しながらもしっかり前へ進みはじめました。ジッパーの反応の激しさはもちろん理解できるものでした。このような状況で馬が恐怖から後ろ肢を蹴り上げたり、逃げたりするのはごく普通のことです。

第6章 良い振る舞いと「悪い」振る舞い

優れた騎手と馬にとって、馬の行動の一つ一つがまさに振る舞いと呼べるでしょう。私たちが馬のある行動を、悪い振る舞いとして捉えることは、「その行動が好ましくなく、理解できず、どうしたら変えられるのか分からない。」と言っているのと同じことです。

馬の性質をより深く知ることや、馬の効果的な飼育方法や調教方法を知ることは、すべての馬を優秀な教え子へと成長させるのに役立つ良い機会です。

知識を蓄えた上で観察し、そこから実行に移すことは時間はかかりますが、有意義な時間の使い方です。馬を満足させ、幸せにすることは、騎手の安全にもつながります。

馬の気質

ここまで、馬の身体的な特徴や行動の特性について述べてきました。しかし、私たちが馬を調教して互いにパートナーとなれるのは、馬の持つ気質のおかげです。

私のこれまでの観察から、次のようなことが言えます。

- 馬は協調的でやる気があり、失敗に対しても寛大で、忍耐強く私たちに教え続けてくれます。馬は好奇心という素晴らしい素質を持っており、この素質は多大な労力を使っても守るべきものです。馬は人間に対して厚い信頼を寄せるため、一度その信頼を手に入れたら、私たちはそれを保たねばなりません。
- 馬は様々な状況を受け入れられる、優れた学習者で、並外れた記憶力を持っています。
- 馬は基本的に攻撃的でなく、すぐに従うことを理解しますが、ときにこの性質を自分に都合よく利用しようとする人もいます。
- 馬は私たちの気分や、天候の変化を察知できます。馬は気配を感じたり、目の前の課題が安全で楽しいものなのか、危険で辛いものなのか、ということを知っているように思えたりもします。離れて立っていても、馬は人間のわずかな合図を読み取ることができます。これが障害者のリハビリに馬が有効な理由かもしれません。

馬の精神は強いが、繊細でもある。

気質と態度

気質は習性であり、一般的に馬の行動に一貫して存在するもので、それぞれの馬が持つ普遍的な性質です。私たちが馬の気質に影響を与えることはほとんどありません。

一方で態度とは一時的なものです。ある瞬間における馬の様子で、ホルモンや天候、直近の出来事、良い記憶や悪い記憶、身体の疾患など、その場の状況に影響されるかもしれません。気性の良い馬が悪い態度をとることもあれば、気性の悪い馬がときに良い態度で1日を過ごすこともあります。態度は私たち人間も影響を与える可能性のあるものです。

馬はみな同じではない

多くの馬に共通した行動の特徴を見出せたとしても、それぞれの馬は異なる性質を持った個体です。

多くの要因が馬の気質に関与します。その中には先天的な要因もありますが、馬の幼い頃の経験や環境によるものもあります。

★ ★ ★

気質について論じるとき、馬に関わる人は特別な用語を用いる。たとえば不活発で怒りっぽく、内気な馬を「**陰気な馬**」(Sullen horse)と表現したりする。

★ ★ ★

遺伝的要因として品種や血統が挙げられます。

気質への影響

馬が農耕馬のような冷血種か、サラブレッドやアラブのような温血種かは、その馬の血統によります。血統は毛質や骨の大きさ、皮膚の厚さ、蹄の硬さや目や鼻孔の大きさのような身体的な特性と同様に、気質を決定する要因となる、感受性や運動神経、頭の良さにも影響します。また、いくつかの身体的な特性は、気質に対して強い影響を与えます。

たとえば感覚の生理機能は馬の自信に大きく寄与することがあり、大きくて突き出た目の馬は、小さくて窪んだ目の馬よりも広い視野を持っています。ブリーダーによっては、より進んだ調教が可能な馬に育つような身体特性や気質を持つ血統の馬を選ぶこともあります。

馬の性別やホルモンの状態も行動パターンに影響を与えます。牡馬は強い衝動を伴って、攻撃的になる傾向があります。牝馬はホ

気質のタイプ

すべての馬が独自の異なる気質を持っています。しかし馬の気質にはいくつかの共通する傾向があり、その気質ごとに馬を分類できます。本来プロファイリングで細かな部分まで述べることはできないものの、大まかに馬を論じる際には手軽な方法です。目やつむじの大きさや位置、皮膚の厚さなどの身体的な特性が馬の持つ気質を指し示しているかもしれません。どの馬も調教することは可能ですが、気質のために調教がより容易な馬もいます。

機敏な馬 好奇心が強く、優しくて協調性がある。注意力が高く、学習したり人と触れ合ったりすることが好きである。馬は落ち着いていて自信があるが、騎手に対する反応は良い。私の経験上、ほとんどの馬がこのタイプに当てはまる。

頑固な馬 反応が鈍かったり怠惰だったりする馬がこれに当てはまり、一緒に運動に取り組むのは大変である。馬が運動内容を理解していないときや疲れているときには、不機嫌になったり精神的に不調になったりし、指示を聞くのをやめてしまったりする。機敏な馬の場合よりも、一般的に多くの時間と忍耐が調教に必要であり、継続的な練習が必要となる。

神経質な馬 緊張状態や興奮状態になりやすく、落ち着きにくい馬がこれに当てはまる。内気な傾向や驚きやすい傾向を持つ。自信の欠如は改善することができる。動きを制限されることや拘束されることに対して暴力的に反抗することが多くある。経験豊富な騎手に調教されるのが最も良く、神経質を克服することでとても反応の良い最高の馬に調教されるものもいる。

攻撃的な馬 これに当たる馬には、体当たりや噛む、蹴る、前肢で叩くなどの暴力的な行動が見受けられる。安全に調教したり扱ったり乗馬したりするためには、優れた熟練の騎手が必要である。

ルモンの変化よって、興奮したり、ときに牡馬に匹敵するほど攻撃的になったりもします。

気質に影響を与える他の身体的要因は、年齢や健康状態、体調や食事です。その中でも年齢以外のものは、野生の馬の場合には環境に、飼育されている馬の場合には管理の状況に影響されます。

幼い時期における人間や他の馬との経験は、若い馬の個性に深く影響を与えます。馬は群れの序列の中で、集団に容認される行動の限度を学習する必要があります。もし馬が若い時期に他の馬から隔離されていたなら、後に馬の群れの中で共同生活をする必要が出た際に、賢明な振る舞いはできないでしょう。馬を馬らしく過ごさせることは、馬の社会性の発達のためにも重要です。

大部分の馬が機敏で優しく、協調的である。

自然な馬の飼育

馬が飼育されていること自体が不自然なことかもしれませんが、私たちは馬が可能な限り自然な生活を送れるように設備や管理を整えられます。悪癖を防ぐ最良の方法は、馬を自然に近い飼育方法で住まわせたり世話をしたりすることです。

- 広くて駈け回ることが可能な場所に可能な限り多くの時間、馬を放牧すること
- 仲間の群れの中やその近くで馬が生活できるようにすること
- 休息や食事をとれる隠れ場のある大きな柵を用意すること
- イネ科の乾草を自由に食べることができるようにするか、1日に3回以上与えること
- 最小限の穀物を与えること
- ミネラルや新鮮な井戸水や炭酸水が自由に摂取できること

飼育下でのストレス

現代の馬の多くが、長時間馬房に閉じ込められ、人間のスケジュールで活動することを要求されています。そのような馬は濃厚飼料を食べ過ぎる一方で繊維食物が不足していたり、行動が制限されて運動不足であったり、群れと離れて孤独であったりします。

馬の性質を十分に理解していない人は動物にとって悪影響であっても、人間にとって働きやすいように馬を従わせようとするでしょう。その最たる例は馬が基本的に閉所恐怖症ということです。馬房での生活は馬にとってストレスで、心身ともに快適でいることは困難です。あなたが馬房を居心地の良い場所だと思っていたと

馬房は居心地がよく、十分に休まる場所でなければならない。刑務所のような場所であってはならない。閉所恐怖症の馬には他の馬の姿や行動を見ることができるようにドイツ式の扉を使うと、症状が軽減するだろう。

しても、馬にとっては独房のように感じる場所かもしれません。さらにあなたが毎週のように丸洗いをし、短く毛を刈り、馬着を着せることで、馬を常に清潔で健康に保っていると考えていたとしても、実際には馬を保護する皮脂や毛を取り除き、健全な砂浴びや馬本来の行動を妨げているかもしれません。それでも多くの馬が自分の住処となる馬房と私たちの世話を好むようになります。このことは馬の適応性の高さを強く表していると言えるでしょう。

常同行動

生活環境に適応できない馬はしばしば齰癖、熊癖、前掻きなど、同じ動作を繰り返す常同行動を起こすことがあります。気質や遺伝によっては、他の馬より常同行動を悪化させやすい馬もいます。常同行動は、主に馬が葛藤や不安や閉塞感に耐えている際に引き起こされます。

葛藤は馬が相反する強い欲求を抱いたときに生じます。新しい馬は食事をしたいが、閉じ込められることや馬房の中の人を恐れてエサの置いてある馬房に入るのを嫌がります。そのような場合、馬は馬房に走り込み、口でエサを掴んで走って出て来るかもしれませんし、その際にドアに腰をぶつけるかもしれません。痛みは恐怖心をいっそう強くしてしまいますが、馬はより空腹になっていきます。最終的にその馬は馬房のドアの外を歩き回ったり、前掻きをしたりするでしょう。

他にも馬が葛藤を抱く例としては、馬が給水器に感電した場合です。オーナーが馬の目の前で修理し、馬に飲んでも大丈夫と伝えたとしても、馬は人間が何をして何を言っているのかを理解できないため、水を飲んでも安全なことを理解できません。馬は水を見て、飲みたそうにするのですが、感電に対する恐怖は消えていないため、前掻きによって給水器を壊してしまったり、悲鳴を上げたり、周囲の人の気を引こうとするでしょう。

自らの能力では解決できないような問題に直面したとき、馬は不安を抱きます。若い馬を初めて鞍に慣れさせるときや、まだ理解していない運動を求めるときには、自信を失い、自分の行動に不安を持ってしまうこともあります。馬がそのようなことに直面し、乗り越えようとするとき、後ろ肢を蹴り上げたり、跳ねたり、銜を噛みしめたりし、不機嫌になったり調子を崩したりするでしょう。たとえば両手前の収縮駈歩を身につけていない馬に踏歩変換を求めたら、何をすればよいのかわからず、騎手が何を意図しているのかも理解できません。

★ ★ ★

常同行動とは、定期的に絶えず繰り返す異常行動であり、齰癖や熊癖や自傷行動などがある。

馬が**起き上がれない**状態とは、馬房の壁の横や柵の下に挟まることで横臥姿勢のまま何時間も同じ姿勢をとっている状態である。

★ ★ ★

ブルーの憂鬱

私はかつて美しい若い芦毛のメスの仔馬をワイオミングの牧場で購入したことがあります。その馬の先祖は代々、その数千エーカーにも広がる牧草地を歩き回って育ってきました。ブルーは素晴らしい体格を持つ繊細な馬でしたが、馬房に適応することに問題がありました。私が飼い始めた2歳のときから他に飼育しているどの馬よりも、可能な限り多くの時間放牧をしました。しかし、牧草地を休めるために他の馬と同じ大きな柵の中に入れなければならないことも何度かありました（他の馬ならば、このような待遇を受ければ文句なしに幸せなことでしょう）。

私たちの牧場にはそれぞれの馬に柵があり、どれもゆったりとしていましたが、ブルーはすべての柵の中でも最も大きい柵に入っていました。ですが、毎日の調教や運動を行っていても、ブルーは2つの奇妙な癖を身につけてしまい、結局この癖のために、私は広い放牧場で繁殖牝馬になれるようにブルーを売ることにしました。

ブルーの常同行動は独特であり、柵の中で長く過ごすほどに度を増していきました。最初の頃は奇妙で騒々しかっただけで、目立った怪我もありませんでした。ブルーは頭を柵の一番上の板の上に掛け、力強く頭を上下に素早く動かしたのです。これも1度や2度ではなく何時間も。板がガタガタと音を立てることで騒々しくはありましたが、それ以上に度を超した動作の反復によって、頸の下の被毛が擦り切れてしまいました。たとえ一番高い 1.7m の板で柵を作っても、ブルーにその行動をやめさせることはできませんでした。

もちろん、これが唯一の異常な行動であったら、ブルーのために特別な柵を手配することもできたでしょう。しかし実際には、私をもっと悩ませ、心配させていた行動がありました。毎朝私たちが厩舎作業のために起きると、ブルーは驚くような体勢で横たわっていました。ブルーは板のすぐ近くで横になり、肢を柵の外に出していました。そこで私たちは肢が外に出せないように、柵の土台を枕木や花崗岩でふさいでみました。するとブルーは何とかして梁や岩の上に肢を出そうとして、胴体が肢よりもかなり低くなるような姿勢をとったのです。たとえすべての隙間を塞いで肢が全く外に出せなくなっても、やはり柵に沿って近くに転がり、自分だけでは起き上がれないような姿勢で寝ていました。ブルーの寝転がっていた場所の尾の下辺りには、2、3個のぼろが転がっていることもありました。それは馬のオーナーなら誰もがショックを受けるような奇妙な光景でした。

私たちがどのように工夫し、どの場所に住まわせても、ブルーは常に自分では起き上がれないような体勢をとり、私たちはそのようなブルーを解放するために柵や他の設備を度々解体せねばなりませんでした。このためにブルーの世話は常に不安だらけでしたが、それ以上に心配したことはブルーの健康です。なぜなら2時間以上横になったままでいることは馬にとって危険な行為だからです。これらのことを考えて私はしぶしぶブルーを売りに出しましたが、このとき、繁殖牝馬の群れの中でブルーを育て上げるのは自分ではなく、十分な土地がある他の誰かなのだろうということを確信しました。その数年後、ブルーが新しいオーナーのもとで幸せな放牧生活を送りながら、毎年すばらしい仔馬を産み続けたという話を聞き、私は嬉しさに包まれたのです。

段階的に調教を受ける中で、馬は運動能力が向上させるだけでなく、自信も身につけます。そして何が自分に求められており、自分の行動の結果がどのようなものかを理解していきます。基礎的なトレーニングが不十分なために要求や指示を理解できないときにも馬は不安になってしまうので、混乱させる原因になってしまいます。

制約(restriction)と抑制(restraint)は関連した用語ですが、大きく異なる意味を持ちます。制約は一般に馬具によって動きを制限することを意味しています。起立癖や跳び癖や蹴癖などの悪癖は、手入れや騎乗の際に抑制が不適切に使われることで助長されることがあります。制約は不自由な生活とも関連し、閉じ込められ馬の動きが制限されたときにも生じます。3.7m四方の馬房の中で1週間のうちの6日を過ごし、日曜日にしか乗られることのない馬は、落ち着かずに歩き回ったり、馬房を蹴ったりし、競技場内やその道中で手に負えなくなるでしょう。そのような馬は1週間分のエネルギーが鬱積(うっせき)しており、逃げ出して運動することを望んでいます。こういったケースでは馬に蹴癖や跳び癖や起立癖がついてしまいかねません。

悪癖と悪習

馬が異常な行動を身につけるとき、それらは一般に悪癖と悪習の二つに分けて考えられます。

悪癖は馬房の中での生活に対する反応であり、木を噛むことや前掻き、尾をこすること、熊癖、歩き回ること、馬房への蹴癖などが含まれます。ほとんどの悪癖が我慢の中で引き起こされる行動です。これらの悪癖は適切な食事と運動、そして他の馬との交流に留意することで予防や矯正ができます。退屈や、その結果生じる悪癖は不適切な管理の証です。

悪習は不適切な扱いや乗り方に対する反応です。調教中に急かされたり、危険を感じたり、困惑したりした馬は、起立癖や後退癖、噛み癖や蹴癖という望ましくない行動を起こします。

★ ★ ★

悪癖は、望ましくない行動パターンであり、飼育されることや閉じ込められること、不適切な管理を受けることによって馬が自ら身に付けてしまう。

悪習は、望ましくない行動であり、馬に対する扱い方や乗り方の中で形成される。

★ ★ ★

異常な行動への対処

あらゆる悪癖と悪習において、まず疑うべきなのは馬に対する自分自身の管理能力と扱い方の技術です。本書や『Horsekeeping

前掻きは馬が閉塞感に対してとる反応の一つである。

on a Small Acreage』第2版（本邦未訳）で述べられているアドバイスを参考に、普段の手順を見直すべきでしょう。あなたが改善の努力をした後も、良い変化が見られなかった場合には、それに代わる適切な方法で抑制することを考えなければなりません。これには機器や電気器具の使用、獣医との相談の上での薬物治療や外科的治療も含まれてきます。

もし悪癖や悪習のために馬が危険にさらされたり、扱えなかったりする場合には、馬の命を救うために84ページから89ページに示すような他の解決手段を考える必要があるかもしれません。

悪癖一覧

悪癖	説明
起き上がれなくなる(正確には悪癖ではないが、厩舎での望ましくない行動である)	馬房や柵の壁の近くで転がり身動きがとれなくなることや、板や柵の下に挟まることがたびたび起こる。
敷料を食べる	藁やおがくずを食べる。
馬着を噛む	馬着や布を噛む。
大急ぎで食べる	飼料を噛まずに飲み込む。
齰癖(さくへき)	切歯の先を柱や馬房の縁に固定して頸をアーチ状に曲げる。疝痛を発症する可能性もあり、知識の浅い飼育者は飼料よりも「精神薬」を好んで与える。他の馬が真似することで集団的に身に付けることがある。
他の馬への蹴癖	他の馬と一緒に放牧した際に理由なく他の馬を蹴る。
自慰行為	牡馬が、様々な自己刺激の方法によって射精に至る。
前掻き	穴を掘ったり、えさ箱や水桶を叩いたりし、フェンスに肢が引っ掛かったり、蹄をすり減らしたり、蹄鉄を無くしたりする。若い馬に最も多く見られる悪癖。
セルフグルーミング	金切り声を上げたり、前掻きをしたり、蹴ったりしながら、横腹や前肢、胸、陰嚢をかむ。2歳頃から始まり、主に牡馬に見られるが、セン馬にも見られることがある。
馬房への蹴癖	馬房の壁やドアを後ろ肢で蹴りつけ、設備に損傷を与えたり、馬自身が蹄や肢を怪我したりする。
尾をこすりつける	リズミカルに後躯をフェンスや馬房の壁や馬運車の後ろの棒や建物にこすりつける。
熊癖(ゆうへき)/うろうろする/馬房の中を歩き回る	多くの場合に馬房のドアや柵の門の近くで、馬が前後に馬体を揺らす。同じ場所を前後に歩き続ける。
木を噛む	木の柵や飼い桶、馬房の壁をかじる。多いときには1日に木を1.4kgもかじる。

原因	治療法
一般的には砂浴びが原因であるが、毛の生え替わりや馬着のずれや疝痛なども原因となる。	対処できる。もし馬が長時間気づかれずに放置された場合、深刻な疝痛を引き起こしかねず危険である。馬房の壁に対して敷き藁を積み上げることや腹帯のような道具を馬着や毛布につなぐことで寝転ばせないようにすることもできる。馬に定期的に転がることのできる場所を与えるべきである。
衝動的に食べる。	対処できる。茎の長い乾草などの粗飼料を馬が適切に食べるように与える。かんな屑のように口に合わない敷料を使う。
被毛が汚れていたり汗で濡れていたり、毛の生え替わりや退屈しのぎ、馬着が合っていない。	対処できる。定期的にグルーミングし、適切な馬着を着せる。それでもまだ続く場合は、馬着や無口を外す。
食い意地を張っていることや、食事の際に馬同士が競争をすること。	対処できる。まず乾草を与える。深い容器よりも浅い大きな容器に飼料と一緒に石や大きな圧縮飼料を入れる。細かく挽かれた穀物よりも、大きな粒状の飼料や板状に圧縮されたものを使う。
未消化のストレスの存在、模倣や熱中。脳の快中枢を刺激するエンドルフィンが放出され反応を引き起こす。	対処できるが治らない。対策としては、齰癖(さくへき)バンドを使い頸の筋肉の収縮を防ぐ。他にも留め具や棘や電気刺激が有効。将来的には薬理学的対処の可能性も存在する。口輪も場合によっては有用。
ホルモンバランスの崩れや不快感や不安によるメス馬の行動。	治らない場合もある。止めさせることは難しく、一緒に放牧する馬を変えることもできるが、どの馬とも一緒に放牧できないかもしれない。
性的な欲求不満。	対処できる。馬が適切な運動をしていることを確かめる。勃起を防ぐ器具を使うこともできる。
閉塞感や退屈、与えている飼料が多すぎる。	治る。運動や気晴らしを与えること。地面に置くような飼料箱や給水器は使うべきではない。ゴムマットを敷き、馬に食事を強制しない。
齰癖(さくへき)同様にエンドルフィンの反応があると考えられ、閉塞感や運動不足や性的欲求不満によって引き起こされる。	対処でき、治るかもしれない。繁殖に必要のない種馬の場合は去勢も対策の一つ。運動量を増やし、馬房に閉じ込める時間を減らす。厩舎の仲間や玩具を与える。頸にクレードル(頸枷)をつける。無口をつける。将来的には薬理学的治療の可能性も存在する。専門的な管理と調教が必要になることもある。
閉塞感や苛立ち、音を聞くことを好む、近くの馬房の馬が嫌いであったり、人の気を引きたかったりする。	行動が続く程度によって、治療は可能。運動量増やし、馬房の壁や蹄に当て物をする。癖を強めることになるので、前掻きに対してエサを与えてはいけない。苛ついている状態では球節につながる鎖や足枷を蹴ろうとするかもしれない。
初めは乳房や包皮や尾の汚れ、後躯の毛の生え替わり、体表の寄生虫が原因であるが、後に単なる癖となる。	グルーミングや包皮や乳房や虫の清掃や、その他の医学的治療によって対処できる。輸送の際にはテールラップを巻くのが良い。
閉塞感、退屈、食べ過ぎ、高い緊張状態やストレス状態によって起こり、集団的に身につけることがある。	対処できる。穀物を減らし運動を増やす。他の馬と一緒の状態や、他の馬の姿を見ることができる状態で放牧する。格子状のデザインのドアを使う。
食事における粗飼料の不足や退屈、歯の生えかけた状態の痒みや、ストレス、癖。	対処できる。粗飼料を増やす。かじることができない鉄の柵や電気柵の利用。運動時間や活動時間、放牧時間を増加させる。

悪習一覧

悪習	説明
後退癖	前に進むことを拒み、騎手が推進し続けると、その後しばしば暴力的な気性になる。
馬房への引きこもり/群れとの絆	後退癖や後ろ肢で立つこと、歩き回ることや叫ぶこと、馬房や群れや仲間の馬の元へ走って戻ることがある。
噛み癖	唇や歯で掴むこと、特に若い馬に見られる。
解放すると急に動き出す癖	無口が完全に外される前に、突然振り向いたり動いたりすること。
背中を曲げて跳ねたり、後ろ肢を蹴り上げたりする癖	背中をアーチ状に曲げ、頭を下げ、後ろ肢で蹴ったり跳ねたりする。
捕まえようとすると逃げる	無口や引き手を持った人間から逃げる。
馬が肢を触られるのを避ける	揺らしたり、体を傾けたり、後ろ肢で立ったり、肢を急に遠ざけたり、蹴ったり、叩いたりする。
人を押しのける	馬房の中や引き馬の際に馬が引き手を持つ人に迫ってくる。
無口を引っ張る	支柱などに結ばれた際に後退をしたり邪魔をしたりし、頻繁に何かを壊したり、馬自身が転んだり、無口に引っかかったりする。
頭を遠ざける	グルーミングの際や頭絡をつける際、毛刈りをする際や獣医による診察の際、馬が頭を遠ざける。
跳ねる	短くぎこちない歩幅で背中をへこませて頭を上げたまま歩いたり軽く走ったりする。

原因	治療法
恐怖、頑固さ、極度の疲労。強すぎる拳。	治る。引き馬作業や調馬索で前進運動を復習するが、この際オーバーワークになってはいけない。馬の頭を左右どちらかに向ける。手綱による抑制の扶助は馬に矛盾を感じさせるため、手綱を引くことなく扶助で強く追う。馬を前から引っ張ることで前進させようとすべきではない。そんなことをしても人間は馬に勝つことはできない。
相棒の馬や、エサがあり快適な馬房から引き離す。	治るが、深刻な場合には専門的な知識や技能を持った人が必要。自信と技量のあるトレーナーが、馬を徐々に厩舎や群れから遠くへと引き離し、馬の良い行いを促進することで、馬は自信を強める。発進と停止の練習はどちらも復習するべきである。
おやつをねだることや、好奇心から来る遊び、腹立たしさや痛みによる反抗。何かものを歯で調べている場合もある。しばしば人が手でおやつをあげたり、鼻をなでたりする際に起きる。	治る。唇や鼻面や鼻孔をこまめにそれとなく撫でる。馬が軽く噛んだときには、力強く無口頭絡を引っ張って叱り、その後何事もなかったように作業を再開する。
雑な扱いや運動に対する不信感や他の馬との合流への焦燥感。	馬は遠ざけられるほどに蹴ろうとするので、治るが危険である。無口を外す前に地面におやつを置き、頸の周りにロープを回す。
機嫌が良い場合や、騎手や馬具を取り除こうとする際に見られ、背中が敏感であったり痛かったりする反応。または騎手の脚や拍車に対する反応。	一般的には治る。食事や運動を観察し、適切な漸進的な訓練を行う。馬具が馬に合ったものかを確認する。
恐怖心や反抗、人間を下に見ている場合もあり、悪い習慣となっていることもある。	治る。適切な訓練には時間がかかる。まずは狭い場所でゆっくり近づく方法で訓練をし、徐々に大きな場所に移す。他の馬を放牧場所から追い出し、地面におやつを置く。一度捕まえた馬には決して怒ってはいけない。
調教が不十分であったり、不適切であったりする。馬が協調性の欠如や、3本の肢だけでバランスをとること、装蹄の際の動きや圧迫に慣れていない。	治るが、深刻な場合は専門的な知識や技能を持った人が必要。一貫した計画的な馴致や抑制のレッスン。肢や蹄冠帯や球節の汚れを取り除いたりグルーミングをしたりする間の数分間、肢を持ち上げ、肢が伸びた状態と曲げた状態の両方で持ち続ける。
調教不足や扱いの不十分さ。	パーソナルスペースにて引き馬での適切なレッスンを行うことで治る。
慌ただしく不十分な無口への馴致。設備が弱く安全ではないため、壊すことによって馬が自由になってしまうこと。しばしば馬が手綱によって結ばれているため。	治るがとても危険であり、慢性的な悪習の場合には治らないこともあり、専門的な知識や技能を持った人が必要になる。長いロープを馬繋柱のリングに通し、その端を手で持つか、特殊なリングを使う。喉革の辺りにロープを通し、もやい結びで結ぶ、弱いロープを使う。
最初は雑な扱いや不十分な状況下で起こり、耳や口の痛みを伴う問題であることもある。	治る。まず、耳や舌、唇や歯の問題といった医学的原因を取り除く。手で触ることからはじめ、その後、馬が触れることを許してから、次に頭を下げるように教えていく。
十分な時間をかけずに行われた収縮の調教の結果であり、馬は扶助に対して調教されておらず、手綱の扶助が強すぎ、背中に痛みを覚えたりする。	治る。馬具が馬に合っているかを確認し、扶助を適切に使う。これには、プレッシャー アンド リリースによる常歩での半減却や、馬を活発な速歩に押し出すために推進扶助を使ったりすることが含まれる。

悪習一覧（続き）

悪習	説明
蹴る	一方または両方の後ろ肢で人を蹴る。横や前に蹴り出すこともある。
後ろ肢で立ち上がる	引き馬の際や乗馬の際に後ろ肢で立ち上がり、ときに仰向けにひっくり返る。
馬運車に乗るのを嫌がる	馬運車に乗り込むことを求めた際に後退したり後ろ肢で立ったり背中を丸くして跳ねたりする。
逃走/急に走り出す	コントロールを失って走り出す。
突然飛び退く	実際の出来事や錯覚による光景や音、匂いに対して驚く。
打つ・叩く	人を前肢で強打する。
つまずき、よろけ	バランスを崩したり、地面に蹄を引っかけたり、まごついたり転んだりする。
尾を打つ	腹立たしさや、怒りの態度を示しながら尾をはたいたり振り回したりする。

原因	治療法
最初は肢に触れられることへの反射反応であるが、後に雑な扱いによる恐怖から生じる防衛行動や、危険や望ましくない人や物を排除する行為になる。	治る。自然な反射反応は漸進的な扱いで容易にかき消すことができる。深刻な場合はとても危険であり、矯正のための拘束器具を使うために専門的な知識を持つ人が必要。
恐怖心、雑な扱いに対する反抗、馬が前進の指示を理解してない、前に進み銜にあたることへの恐怖。跳ねることと関連している場合もある。収縮運動に対してとる反応の場合もある。	治る可能性もあるが、専門的な知識を持つ人でも修正が不可能なこともあり、とても危険な習癖である。口や背中に問題がないことを確認する。引き馬や調馬索で前進運動を確認する。
訓練不足。	引き馬において、抑制および停止や発進の段階的な訓練を通して治る。
恐怖心、パニック、逃走反射、扶助に対する訓練不足、食べ過ぎ、運動不足、不適切な鞍による痛み。	治るが、馬がパニックになって道路や崖や柵の外などへ走り出す可能性があり、とても危険である。矯正方法としては、片方の手綱を引いたり緩めたりしながら大きな輪乗りに誘導し、その輪線を徐々に詰め、回転させ、片方もしくは両方の手綱で停止させる。
周囲の物体や、馬の行動に対するトレーナーの反応への恐怖、弱い視力、力強く頭を押さえられて馬が周囲が見えていない状態、ふざけ癖。	一般的には治る。馬を扶助に据え、馬がリラックスするまで、推進と抑制の扶助で馬の動きを誘導し制御する。
毛刈りの際や初めてチェーンや鼻ねじを使用する際の反応、頭の拘束や歯科の作業でも見られる。	治るが、前肢を跳ね上げるのと同時に後ろ肢で立ち上がる場合には、人間の頭を叩きつける可能性があり、とても危険である。専門的な知識と技能を持った人が両足を縛る方法もある。
体の弱さ、運動の調和の欠如、体調不良、若さ、怠惰、蹄の前が高く後ろが低いこと、遅発性の蹄の損傷、前肢重心の馬、弱い歩き方。	治る。蹄のバランスを調べる。損傷がないか確認する。後躯重心になるように馬に乗り、収縮を求める。馬の体調を適切に管理する。
不適切な馬具による痛み、騎手のバランス不足、怪我、性急な調教、牝馬特有の不機嫌、癖。	一度確立されたら治らない可能性もある。適切な鞍の使用、騎手の練習、マッサージやその他の医学療法、適切な準備運動、そして段階的な到達可能なトレーニングが必要である。

第7章　馬の一生

馬の心身がどのように発達するかを知ること、そして馬と人間の発達を比較することは、適切な管理や調教を行う上で役に立ちます。

現在飼育されている馬は生まれてからの２年間で急速に身体が発達し、高齢になるまで身体機能はほぼ変化せず、その後は完璧なケアが行われる場合を除いて急速に衰えていきます。正確に何歳から高齢と呼ばれ始めるかは定まっておらず、馬の遺伝や生涯を通してのケアに影響されます。

人間の子供と仔馬の間には、発育の特徴に関していくつかの類似点があげられますが、精神的な能力に関しては、成長した馬でも歩き始めの幼児ほどの知的能力しか持ちません。後で述べる精神的発達の対応年齢は、馬の思考パターンが身体の発達に対してどれほど発達しているかを示したものです。

ライフステージの特徴

馬の発達を通して、それぞれの時期を代表する特徴的な行動や身体特性を説明します。その年齢における一般的で平均的な馬の状態を知ることで、馬が何を必要とし、馬がどのような行動を示したがっているのかに対する、より良い考え方を知ることができるでしょう。

私がジンガーをワシントン山の近くの牧場から購入したとき、まだ12歳になったばかりでした。強い反射反応と高い自己防衛本能を持っていましたが、同時に好奇心が強く友好的でもありました。

初期のジンガーは力強く、頼もしく、多才な馬でした。ウェスタン馬やエンデュランス馬、牧羊馬や馬場馬、そして繁殖牝馬として、常に私のためにいてくれたのです。

31歳を迎えてもジンガーは健康であり、やる気もあり、頭の回転の良い馬でした。私はこの馬に乗り続けていたかったのですが、健康に余生を送ってもらいたいという思いもありました。そして、この写真は最後の乗馬の際に撮ったものです。

身体の成長

馬の身体は人間の場合とは異なる発達をする。上に示した年表は私の経験と観察に基づくものであり、あくまでも参考程度である。馬の発達と人間の発達を比較する際の大まかな捉え方として、馬が2歳になるまでは馬の1歳を人間の8歳に等しいと考え、その後は馬の1歳を人間の2.5歳分として計算すると良い。

哺乳期

仔馬は人間の乳児と同様の欲求を持って生まれ、空腹や喉の渇き、眠気や快適さに強く影響を受けます。しかし早成性の動物の馬は、生後数時間で人間の2歳児と同等の身体能力と身体機能を持つようになります。生後24時間以内には仔馬は走るようになりますし、そのときすでに肢は大人の馬の9割ほどの長さになります。この身体的な特徴は、鋭い本能と結びつき、若い馬が何千年もの間生き残ることに役立ってきました。ときにこの身体的発達の早さのために、長時間馬房に閉じ込められた後の放牧の際などには、活発すぎたり、仔馬が自らストレスを感じたりしてしまうこともあります。

仔馬は一見力強いように見えますが、身体的にも精神的にも弱く、母馬との強いつながりや安心感を必要とします。哺乳期の仔馬は好奇心が強いですが臆病で、未熟ながらも反射反応を示し、短気ながらも心配性という特徴があります。

哺乳期を通して出生直後から仔馬を訓練することは有用ですが、訓練時間は短く、適確なものにすべきです。母馬は栄養や免疫に必要なものを仔馬に十分に与えますが、仔馬に合わせた入念な食事や健康計画が重要となります。

離乳期

離乳するまでの4ヶ月から6ヶ月の間、馬は人間での4歳から5歳に等しい身体的発達を遂げ、精神的には人間の2歳から3歳に相当する発達を遂げます。まだ注意力が長続きせず、予期せず感情が爆発することもある段階です。この時期の馬は放牧の時間を多くとり、群れの中で過ごさせるのが良いでしょう。

訓練は頻度を多くし、短い時間で安全に楽しく行うべきです。幼い馬は深刻な心身のトラウマを抱えることがあり、とても感受性が強いため、雑な扱いは決してしてはいけません。この時期は馬の食事や他のルーティンに対する関心を削がないためにも、細心のケアを行わなければなりませんし、さもなければ馬は気落ちしてしまうでしょう。母馬から引き離された若い馬は、自分の安全に対して不安を感じます。また、馬は自身の行動パターンに頼って自立していかなければなりません。牧草地に出されたときには、いつどこで草を食べ、水を飲み、塩を見つけるかを自分で決める必要も生じてきます。柵や馬房の中では、安全を確かめてくれる母馬もいないため、自ら新たな飼い桶や水桶に近づかなくてはなりません。適切な栄養と健康のケアは、この成長のピークの時期に極めて重要となります。

精神の相当年齢

馬は決して人間と等しい知的能力を手に入れることはないため、私が「精神的に相当」と使う際には対応する点や馬と人間の比較可能な段階を意味している。たとえば、離乳時期の馬は、その集中力の持続の短さや急激な感情の爆発という、2、3歳の子供と同様の精神的な特徴を持っている。これが、私が精神的な相当年齢として意味するところである。

1歳

1歳馬はほとんどの時間を自分の身体能力を試すことや、他の馬や人の集団の中での立ち位置を見つけることに費やします。精神的には人間の5歳児に相当し、身体的には8歳児に相当します。1歳馬は短気で荒々しく、気分屋でしょう。メスの仔馬やオスの仔馬は第二次性徴のホルモンの影響を受け始め、性的志向の遊びをじゃれあいの中に取り入れるようになります。この時期に多くの牡馬は去勢されます。

離乳期に相応しい内容の調教から始め、4歳馬の調教内容へと継続的に移行することは極めて重要です。調教の時間はまだ短いままですが、頻度を上げ、幅広い種類の作業を行うべきでしょう。1歳馬には飼育に必要な馬の基本原則のすべてを

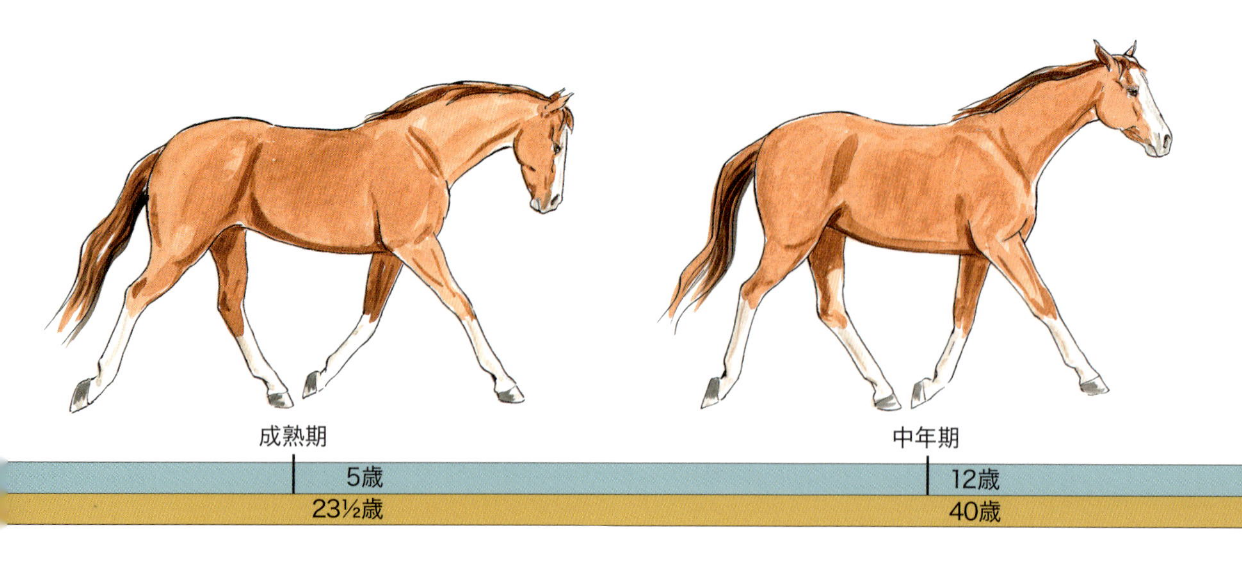

教え込むことが可能です。馬はそれぞれの年齢で異なる栄養面や健康面での配慮が必要となるため、まだこの時点では大人の馬と同様に管理することはできません。なぜなら1歳馬には高タンパクな食物が必要ですし、駆虫薬も大人の馬より回数を多く使う必要があるからです。

2歳

2歳になると強い性衝動に駆られるようになり、ホルモン増加は調教中の仔馬の集中力に影響を与えます。セン馬の場合はオスやメスの仔馬よりも気質は安定しています。

身体的な発達は16歳の人間に相当し、精神的な発達も人間の12歳に相当し、2歳馬は多くの状況で必要以上に成熟した馬として扱われます。2歳馬の肢は、多くの関節の骨端軟骨がすでに閉鎖していてその部分の成長は止まっていますが、大人の馬と同等の運動量を与えてはいけません。仔馬の未熟な骨格には故障の危険性が残っています。仔馬は短い休憩で運動や作業を行うスタミナと強靭さには欠けており、無理に活動させた場合には心身に後遺症を残してしまう危険性があります。

1歳馬が行うはしゃぐ行動を止めさせることで、一般的に2歳馬は調教に集中するようになり、トレーナーにもその馬の持つポテンシャルが見えてくるようになります。5歳までには馬の歯の生え替わりや、骨端軟骨の閉鎖は完了します。

★ ★ ★

骨端とは長い骨の両端にある成長線（成長に伴い発達する板状の組織）を指す用語である。

★ ★ ★

成熟期

2歳から5歳の馬は身体面でも精神面でも成熟期を迎えます。心身ともに人間での20歳から30歳に相当し、大人の馬は発達した身体を持ち、多くの経験によって分別のある馬へと成

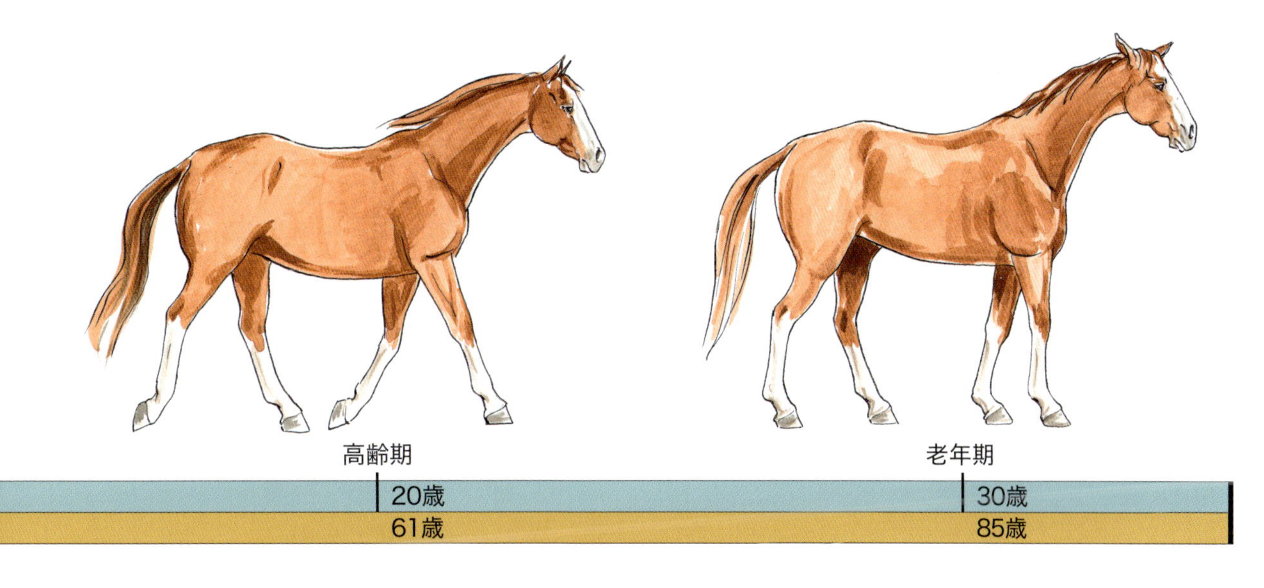

長することが望まれます。馬が栄養面で必要とするのは基本的な食事であり、適切な運動によって身体の調子は保たれ、免疫機能はピークに達します。

中年期

成熟期と高齢期の間の時期で、12歳から20歳までの馬は持久力に顕著な変化を見せ、筋張力の低下が見られる場合もあります。人間の40歳から60歳に相当し、変化はその個体の遺伝や運動状態、ケアによって大きく異なってきます。

高齢期

高齢の馬は年齢では20歳から30歳の間にあたり、人間では60歳以上に相当します。歯の抜けや磨り減り・欠けなどの変化を迎えるようになり、噛むことや消化吸収すること、体重を保つことが難しくなってきます。食事には量や質の向上、タンパク質や脂質の増量、炭水化物の減量が必要でしょう。視力と聴力は低下し、行動にも影響します。免疫機能も弱くなり始め、関節炎により肢に不自由をきたすこともあります。

老年期

30歳以上の馬は身体的に衰えているかもしれませんが、多くの馬がジンガーのように、軽い運動や馬車の牽引や乗馬を楽しめるほどに健康です。最大の難題は食事にあり、しばしばお粥状にしたエサやビートパルプ、刻んだ乾草などのように、簡単に噛めるものを与える必要があります。80歳以上の人間にも軽い運動が定期的に必要なように、体が硬くなることを防ぐために適度な運動が必要です。

馬のタイムライン

誕生

生存のためにも肢はすぐに機能するようになり、生まれたときから立って乳を飲む。体重はまだ大人の馬の10%ほどだが、肢は大人の馬の90%ほどの長さがあり、体高は大人の馬の75%になる。好奇心旺盛で遊び盛りで、たくさん寝る（年表の哺乳期の仔馬に関する項を参照）。

体重　50kg
体高　1.14m

相当する人間の年齢:
身体　2歳
精神　生まれたて

4ヶ月

身体はとても急速に成長し、遊び盛りで身体的な限界を試そうとする。母馬に対し性的行動をとり始めるかもしれない。離乳までに自信を身につけるようになるが、ときに不安にもなる。物を噛む行動が見られる。

体重　182kg
体高　1.32m

相当する人間の年齢:
身体　4歳
精神　2歳

6ヶ月

身体面の成長は著しく、体重は大人の馬の半分ほどとなる。感受性が強く、好奇心旺盛で敏感である。不安になったり動揺したりするが活発である。本格的に性的な遊びをするようになる。

体重　227kg
体高　1.42m

相当する人間の年齢:
身体　5歳
精神　3歳

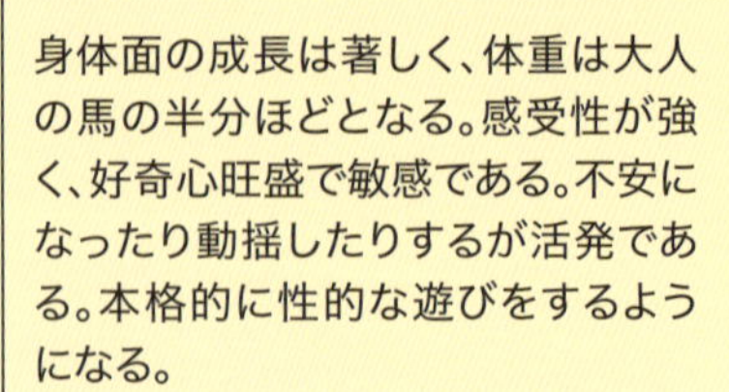

6歳

身体面でも精神面でも最盛期を迎え始め、馬によって異なるが、この最盛期は12歳から15歳まで続く。

相当する人間の年齢:
身体　30歳
精神　30歳

10歳

馬の一生のうちの最盛期、通常12歳の馬はスムースマウスと呼ばれる。生えそろった歯が滑らかな状態となる。

相当する人間の年齢:
身体　36歳
精神　40歳

15歳

身体年齢は変化しないが、精神年齢は徐々に下がり始める。最盛期を少し過ぎ、中年期が始まるかもしれない。性格は少し頑固になり、天候や虫を余計に気にするようになる。人間や指示に対して寛容になり、緊張しなくなる。

相当する人間の年齢:
身体　48½歳
精神　45歳

20歳

骨はより脆くなり、関節軟骨のすり減りや亀裂など関節炎の初期症状が見られるようになる。視力は低下し始め、歯の萌出（ほうしゅつ）は止まり、歯茎の方へ擦り減り始める。目や耳や鼻面の周りに白髪が増える。牝馬の発情は終わる。

相当する人間の年齢:
身体　61歳
精神　50歳

25歳

馬の平均寿命である。脊柱湾曲や乾草による腹部の膨れの兆候が見られるようになるかもしれない。筋張力は低下し、背骨が浮き出るようになる。歯が抜け、下唇が垂れる。皮膚が乾き、唾液の分泌が減り、栄養の吸収能力が落ちる。低血圧になるかもしれない。冬毛が早い時期から伸びるようになり、抜ける時期が遅くなる。

相当する人間の年齢:
身体　73½歳
精神　55歳

1年

求愛行動が始まり、去勢が行われるのもこの時期である。短気で気分屋である。嚙ったり噛んだりする行動が見られ、しばしば狼歯(ろうし)が抜ける。

体重　272kg
体高　1.44m

相当する人間の年齢:
身体　8歳
精神　5歳

18ヶ月

性的に成熟し、メスの仔馬は発情期を迎え、オス馬は繁殖が可能になる。

体重　397kg
体高　1.52m

相当する人間の年齢:
身体　12歳
精神　8歳

2歳

強い性衝動が生じるようになり、骨の成長板が発達し軽度の運動が可能になる。多くの場合、軽い乗馬が始まる。

体重　420kg
体高　1.54m

相当する人間の年齢:
身体　16歳
精神　12歳

3歳

まだ少し無邪気な馬から落ち着いた馬まで様々であるが、大人の馬の習性を発達させる。

体重　476kg
体高　1.54m

相当する人間の年齢:
身体　18½ 歳
精神　18歳

4歳

この時点から、体重と体高は一般的に高齢期まで安定する。

体重　499kg
体高　1.54m

相当する人間の年齢:
身体　21歳
精神　21歳

5歳

大人の馬として扱われる最初の年である。永久歯が生えそろい(P101-102参照)、骨格が完成する(P99参照)。多くの馬が5歳の時点で十分に大人になっている。

相当する人間の年齢:
身体　23½歳
精神　25歳

30歳

関節が緩み、肢のつなぎの部分の傾きが大きくなる。目は曇るかもしれず、視力は落ち、視野が狭まる。

相当する人間の年齢:
身体　86歳
精神　60歳

35歳

多くの歯が抜けてしまい、柔らかい食事を与える必要があるかもしれない。

相当する人間の年齢:
身体　98½歳
精神　65歳

40歳

体がこわばっていたり、食事に難があったりするが、これほどの長寿はすばらしい。

相当する人間の年齢:
身体　111歳
精神　70歳

発育のタイムライン

馬がいつどのような変化を迎えるかを知ることは、様々な場面で役立ちます。それは調教や健康の計画を立てる際や、馬具を選択する際、最適な運動や調教を相談したりする際に役立つでしょう。

★　★　★

仔馬は頭を下げて従順な態度を示し、繰り返して口を開けたり閉じたりするが、これはクラッキングやスナッピングと呼ばれる行動である。

胎便とは、胎児の腸に蓄積された黒くて粘性のあるかすであり、誕生からしばらくして排出される。

★　★　★

生まれたての馬
関節の閉鎖のタイムライン

誕生 — 呼吸を始め、目を開けます。頭と肢を動かし、腹臥位で横たわるようになり、物や母馬の体を見たり、鼻面や鼻や舌を使って探したりします。耳で音が聞こえるようになり、口で吸うなどの原始反射も示すようになります。さらに立ち上がろうとするかもしれません。

1時間後 — 立ち上がり、母馬を求め、歩くようになります。馬の初めての便通である、胎便を排出します。母馬を追って歩くようになり、乳を飲んだり、いなないたり、母馬に馬体を押しつけたりするようになります。制限されることに反発し、肢を引っ込める反射も示すようになります。

2時間後 — 腹臥位や横臥位で横たわるようになります。寝たり起きたりを繰り返します。新しい物や人間を怖がりはしますが、好奇心があり、母馬がいることで安心感があるため、詮索するのを好みます。

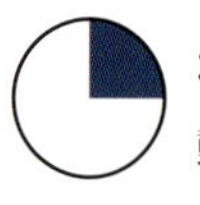

3時間後 — 遊びはじめ、馬体の両側を自らグルーミングします。尾を動かしたり口でものを調べたりするでしょう。速歩や駈歩を行うようにもなります。

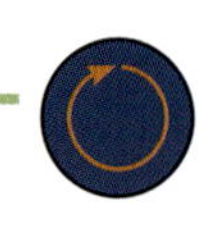

24時間後 — 後ろ肢の蹄で頭を掻いたり、馬体をものにこすりつけたりします。あくびをしたり、口を鳴らしたりもするでしょう。砂浴びをするようにもなり、フレーメン反応を示すようにもなります。

生まれたての仔馬は、芸術作品と言えるほどに綺麗なスレート色をしている。

骨端の成長板の閉鎖

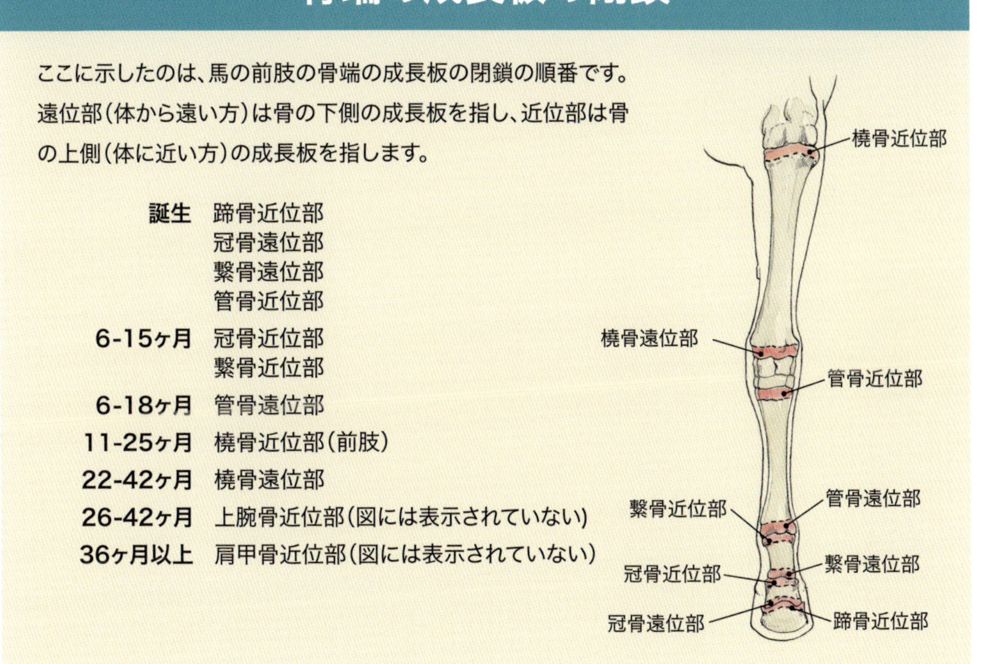

馬の骨格は4、5歳になるまで成長し続けます。上の図を見ながら考えると、激しい運動をする前には橈骨遠位部で関節の成長が終わっているか確認しておくことが重要と分かります。もし2歳未満の馬に作業を始めさせたい場合、獣医に頼んで膝のレントゲン写真を撮るべきです。もし作業を始めるのが早すぎれば、若い馬は骨端炎や骨端閉鎖などから炎症を起こしかねません。そのような状況は馬の肢に運動障害や歪みなどの疾患の原因を作ってしまいます。

歯の成長

成長した馬には切歯（前歯）と小臼歯と大臼歯が揃います。中には狼歯（ろうし）や犬歯を持つ馬もいますが、これについては別に論じます。大人の馬は少なくとも36本の歯を持ち、口の前側に12本の切歯、口角から12本の小臼歯、口の奥に12本の大臼歯があります。

馬は永久歯が揃う前に乳歯が揃います。たとえば小臼歯の乳歯は生後2週間までに生え、2歳から5歳までの間に永久歯に生え替わります。ほとんどの場合、年齢の参照は歯の萌出に基づいて行われます。歯は萌出（ほうしゅつ）してから6ヶ月以上経つと、表面が摩耗し始めます。

小臼歯の「小」は乳歯を指すのではなく、口の中での歯の位置を示しており、小臼歯は臼歯の手前に位置します。ある歯が生えるとき、第二小臼歯ならば、上下左右4本全ての第二小臼歯がほぼ同時に生えます。

切歯と小臼歯の間の比較的隙間が空いている部分は歯槽間縁と呼ばれ、この部分に衛が入ります。しかし4歳以降、ほとんどのオス馬には切歯の後ろの歯槽間縁の位置に4本の犬歯が生えてきます。オス馬の犬歯は一般的に4歳から生え始め4歳の間に生え揃いますが、犬歯はとても鋭くなることがあり、衛をつける際に舌を切らないようにするためにも削ったりする必要があります。まれにメス馬にも小さな犬歯が生えます。

馬によっては第二小臼歯の前に狼歯と呼ばれる第一小臼歯が生える場合がありますが、一般的には上顎のみに見られます。進化の過程で狼歯が消滅している品種もあります。狼歯が生える場合には、1歳までに萌出します。2、3歳の頃に第二小臼歯（永久歯）が生え替わるのと同時に、第二乳小臼歯と共に抜けることもあります。獣医によって抜歯される場合が多く、これは衛をかませた際に唇の皮膚が傷つくのを防ぐためです。

狼歯が第一小臼歯と呼ばれるため、小臼歯と臼歯の乳歯と永久歯の番号はしばしば混同されます。詳しくは102から103ページの表を見てください。

馬が5歳になるまで、歯は萌出し続け、削れたり、抜け替わったりします。5歳を迎えると歯が出揃い、大人の馬とみなされるようになりますが、歯はその後も20歳になるまで持ち上がり続けます。

馬が5歳になったとき、歯茎の上に見える歯の部分に加えて、3.5インチ（8.89cm）から4インチ（10.16cm）の部分が顎の骨の中にまだ埋まっています。馬の成長において、噛むことで歯の表面は削れたりこすれたりしますが、こ

2歳の若い馬の切歯と臼歯が乳歯から永久歯に変わろうとしている。

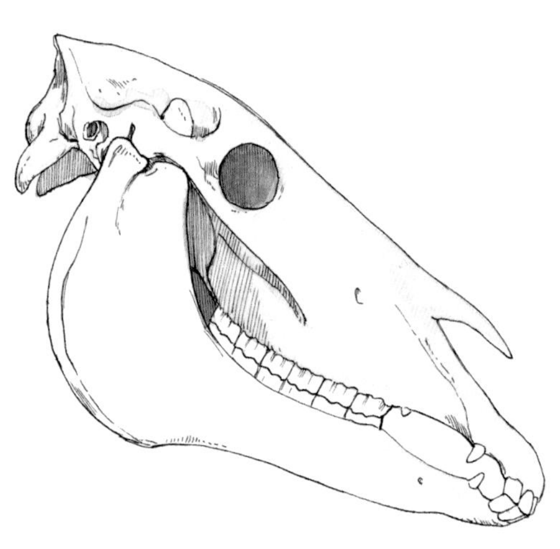

5歳以上の大人の馬は、切歯と臼歯の一式がそろい、ほとんどのオス馬は犬歯もそろう。

れとほぼ同じ早さで常にこの部分は表面に持ち上がり続けますが、馬が20代後半を迎えた頃からこの現象はなくなり、30代後半には歯をほとんど失い、もっぱら歯茎で噛むようになります。

摩耗と欠け

馬の上顎は下顎よりも30%も幅が広くなっています。馬が食物を左右方向の動きで挽くとき、馬は臼歯を摩耗させるため、上顎の小臼歯と臼歯は頬に近い外側の縁が鋭くなり、下顎の小臼歯と臼歯は舌に近い内側の縁が鋭くなってしまいます。これらの鋭い部分は馬の噛みに干渉し、頬や舌を傷つけてしまうこともあります。そのため、毎年全ての馬が歯科検診を受け、獣医によって鋭利な部分を削り、全体のバランスを保つことが重要となります。

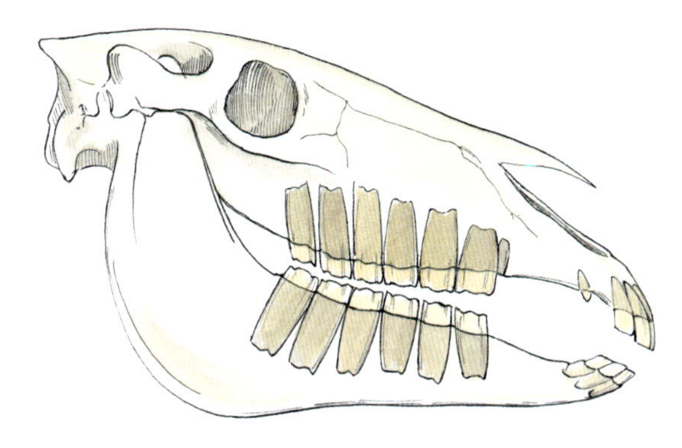

歯は図のように多くの部分が歯茎の中に埋まっており、これらの歯は馬が生きている間萌出し続けるが、高齢になるまでにすべての部分が持ち上がりきってしまう。

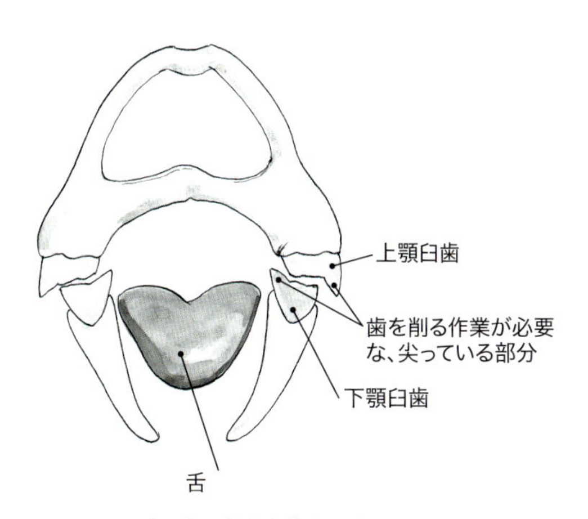

馬の顎の噛み合う部分を前から見て、一般的に噛むことで鋭利になる部分を示している。

歯の発達表

年齢	合計本数	切歯 乳歯	 永久歯
生後2週	16	出生時に中央の歯が現れ、2週間以内に4本が生える	計0本
4-6週	20	左右中間の歯が生え、計8本	計0本
6-9週	24	端の歯が生え、計12本	計0本
1歳	28	計12本	計0本
2歳	32	計12本	計0本
2歳半-3歳	32	中央が抜けて8本残る	中央が生えて計4本
3歳半-4歳	36	中間の歯が抜け4本残る	中間の歯が生え、計8本
4歳半-5歳	36	端の歯が抜け残り0本	端の歯が生え、計12本
7歳	36	計0本	7歳で上端の切歯が一並びになる。 計12本
9-10歳	36	計0本	ガルバイン・グルーブ(歯の側面中央の茶色い縦の線)が上側の切歯の歯茎のラインに現れる。 計12本
12歳	36	計0本	ガルバイン・グルーブが上側の切歯の1/4まで伸びる。 計12本
15歳	36	計0本	ガルバイン・グルーブが上側の切歯の1/2まで伸びる。 計12本
20歳	36	計0本	ガルバイン・グルーブが上側の切歯の全体に伸びる。 計12本
25歳	36	計0本	ガルバイン・グルーブが上端の切歯の1/2消える。 計12本
30歳	36	計0本	ガルバイン・グルーブが見られなくなる。 計12本

小臼歯		臼歯	
乳歯	永久歯	永久歯	説明
2番から4番までが両側上下 計12本	計0本	計0本	
計12本	計0本	計0本	
計12本	各種/狼歯 計0～4本	計0本	狼歯(第1永久小臼歯)が第2乳小臼歯の前に生えることがあるが、その場合は多くの場合に上顎である。
計12本	狼歯 計0～4本	1番が生え 計4本	狼歯はしばしば抜ける。
計12本	計0本	2番が生え 計8本	
2番と3番が抜け 4本残る	2番と3番が生え 計8本	計8本	
4番が抜け 残り0本	4番が生え 計12本	3番が生え 計12本	乳臼歯の歯冠を獣医が取り除く必要があるかもしれない。
計0本	計12本	計12本	オス馬や一部の牝馬は、0～4本の犬歯が歯槽間縁から生える。これで馬の歯は全てである。
計0本	計12本	計12本	
計0本	計12本	計12本	
計0本	計12本	計12本	この時期の歯はスムースマウスと呼ばれ、切歯の噛み合う面のすべての溝が消える。
計0本	計12本	計12本	
計0本	計12本	計12本	歯が抜け始めるかもしれず、横から見たときに切歯はより先方に傾いて見える
計0本	計12本	計12本	歯は歯茎まですり減るかもしれない。
計0本	計12本	計12本	抜け歯や歯の摩耗によって、特別な食事が必要となる。

第8章　コミュニケーション

馬のコミュニケーションは主にボディランゲージと感覚を通して行われているため、馬は我々の行動を馬なりの方法で解釈します。そのため、私たちは馬のコミュニケーションの方法を学ぶ必要があります。これは馬が私たちに伝えようとしていることを知るためだけではなく、私たちの立場や態度や動きが馬に対してどのような意味を持つかを知るためでもあります。

人馬の交流は人と馬の間で交わされる会話とも言えるでしょう。人間同士で会話する場合と同様に、コミュニケーションが潤滑に進むときもあれば、そうはならないときもあります。ここで馬とトレーナーの間で交わされる一般的な会話を２パターン示します。どちらの方がより良く、より長続きし、成功を収めることができるかを考えながら読んでみてください。

馬と人間のコミュニケーション

頭を下げさせるとき

Take 1

トレーナー：前髪に手を伸ばす。「スター、前髪を直してあげる。」

馬：とっさに頭を高く上げる。「頭の方に何か来たから、目や耳を守らなきゃ。」

トレーナー：前髪に手が届かなくなったため、引き手を力強く繰り返し下向きに引っ張る。そのためスターの鼻や項は無口によって圧迫される。「私の思う通りにしなさい！頭を遠ざけないで！」

馬：もっと頭を高く上げる。「そんなに速く頭を動かせないから、鼻や頭が痛いよ。あぁ、怖いなぁ。」

トレーナー：引っ張り続け、鋭く叫び始める。「ねえ、頭を下げて。ほんとに困った馬ね。」

馬：頭を左右に振り始める。「鼻と頭の痛さが無くなる方法は何かないのかな。どうしよう？」

トレーナー：引き手の端で馬の頸をたたく。「主人の言うことも聞けないの？言うことを聞かなかったらどうなるか見ていなさい。」

馬：右に大きく頭を振り、前肢を60cmも上げて立ち上がる。「頭を振ってもだめだったから、もっと遠ざかれば上手くいくかもしれない。」

トレーナー：急に引っ張ることを続けるが、握りが弱ってくる。「私に反抗したらどうなるか、これから教えてやらないと。」

馬：急に引っ張って9mほど速歩で逃げ、立ち止まって振り返り、頭を下げてトレーナーを見る。「おお、これは上手くいった。痛いときは後ろ肢で立ち上がってから逃げればいいんだな。やっとその方法が分かったよ。」

トレーナー：前髪に手を伸ばす。「スター、前髪を直してあげる。」

馬：とっさに頭を高く上げる。「頭の方に何か来たから、目や耳を守らなきゃ。」

トレーナー：前髪に手が届かなくなったため、一定の強さで引き手を下げることで、無口を通して項に下向きの力を加える。「スター、少し頭を下げてよ。前髪に手が届かないわ。」

馬：頭を一旦2cm上げてから、1cm下げる。「頭に掛かっている力が嫌だなぁ、頭を上げたら無くなるかな。駄目だ、今度は頭を少し下げてみよう。」

トレーナー：馬が頭を高くしたときにはしっかりと手綱に下向きの力を加え、下がり始めたときにはすぐに力を緩め、スターの額を撫でる。「いい子ね。」

馬：頭を同じ位置に静かに保つ。「気持ちいいなぁ。」

トレーナー：下向きの力を加える。「スター、そこではまだ前髪に手を伸ばすには高すぎるわ。もう少し頭を下げてくれない？」

馬：頭を2cm下げる。「さっき力が掛かったときは、頭を下げたら無くなったからな。」

トレーナー：すぐに力を緩めてスターの額を撫で、「いい子ね。」と声をかける。「いま理解したのね。なんて賢い子なの。」

馬：頭をあと5cm下げる。「頭を下げると楽になるな。」

トレーナー：手を額から前髪に動かす。「スター、心配しないで。ただ撫でるだけだから。」

馬：筋肉を強ばらせ、頭を上げようとする。「耳に近づけるなんて聞いてないぞ、でも痛いことはされていないから大丈夫かな。」

トレーナー：片手を前髪のあたりに置いたまますぐに軽い力を加える。「スター、分かって。」

馬：頭を12cm下げる。「頭を下げたら、楽になるかな。いつもそうなるし、それにまだ痛いこともされてないし。」

トレーナー：スターの頭が下がったら力を緩める。「いい子ね。」と声をかけながら額や前髪をこすり続ける。「大正解よ。良くやったわ。」

ベンドを求める

騎手：手綱を手に取り、腕を右に開いて右手綱を張る。「スター、頭を右に曲げて。」

馬：顔の右側は口角に、顔の左側はハミ鐶に力を受けているのを感じる。「この圧迫は嫌いだから、どうしたら避けられるだろう。」　頭と頸を右に動かし始める。「こうして頭を動かしたら圧迫は無くなるかな。」

騎手：手綱を張り、手を後ろに引くことで馬の口への圧迫を保ち続ける。「これは上手くいったわ。スターは頭を右に曲げた。ここでもう少し求めようかしら。」

馬：もう少し右に曲げてから頭と頸をまっすぐにしようとするが、銜にぶつかって頭をあげる。「あぁ、右に曲げても圧迫が止まらない。ひょっとしたら反対側に曲げたら良いのかな。いや、それはもっと良くない。もし頭を上げてみたらどうだろうか。」

騎手：圧迫を保ちながら手綱を下方に引く。「スター、そんな馬鹿なことはお止め。さっきまではいい子だったのに。なんで喧嘩し始めるの？もっと強い指示を与えれば分かるのかな？」

騎手：手綱を手に取り、腕を右に開いて右手綱を張る。「スター、頭を右に曲げて。」

馬：顔の右側は口角に、顔の左側はハミ鐶に力を受けているのを感じる。「この圧迫は嫌いだから、どうしたら避けられるだろう。」

騎手：軽いコンタクトを保つ。「さぁスター、理解して。」

馬：右を見て、右耳を右に向ける。「こうして頭を動かしたら圧迫は無くなるかな。」

騎手：軽いコンタクトを保つが、それ以上に引っ張ることはしない。「うまく伝わったのがわかるわ、スター。できるじゃない。」

馬：頭と頸を右に動かし始める。「こうして動かしてみて、圧迫がなくなるか見てみよう。」

騎手：馬の頸や顎や項が手綱に従い始めるのを感じ、馬が柔軟になり始めたらすぐに手綱を適切な圧迫に調節する。「スターが譲るのを感じたから、コネクションを保つためにも、私もすぐにスターを楽にして褒めなくては。」

馬：瞬間的にベンドを保ったり、もっと右にベンドをとったりする。「頭や頸をこの方法で曲げれば圧迫はほとんどなくなるから、これで大丈夫かな。」

馬のボディランゲージを読むこと

★ ★ ★

ボディランゲージは動物や人の立ち位置や姿勢や動きによるコミュニケーション手段を意味する。

★ ★ ★

馬体の様子や頭や頸の位置、耳の動かし方や尾・肢の動きから、馬の考えをうかがい知ることができます。一般的には、馬が恐怖心を抱いているのか、消極的であるのか、我が強いのか、攻撃的であるのかということが見分けられ、馬があなたを歓迎しているのか、それとも追い返そうとしているのかを理解できるようにもなります。大きく、はっきりとした変化を理解できるようになれば、そのような動きの前段階のわずかな変化に気づけるでしょう（わずかな変化については121ページ参照）。

概要

馬が満足しているか、恐怖心を抱いているか、それとも興奮しているかはどのようにして知ることができるのでしょうか。馬の全身の様子はこのことを知るための良いきっかけになります。

満足とリラックス

リラックスした馬は後ろ肢を休めながら頭や頸を低くして立っていることが多く、目を細めたり閉じたりし、耳はリラックスして横を向いており、筋肉も緩んでいます。リラックスしている馬は満足し、安心しています。

友好的

満足し、リラックスしている馬

友好的な馬

馬が友好的なとき、耳は前を向き、匂いを嗅ぐように鼻面を柔らかく伸ばし、頭をやや上げています。優しい目には好奇心が見られ、筋肉の緊張は解れています。

警戒的

警戒している馬は頭を高く上げ、耳を前に向けます。顔は垂直より45度前に突き出て、鼻孔を大きく開いて空気中の匂いをしきりに嗅ぐことでしょう。警戒した馬はしばしば完全に静止して集中していますが、目に恐怖を感じている様子は見られません。

敵対的

敵対的な感情の馬を見間違えることは滅多にありません。このような馬は頭を低くして攻撃的に鼻面を突きだし、場合によっては歯をむき出して耳を後ろに伏せます。目は冷たく睨みつけるようにし、鼻孔は閉じられて皺を寄せているでしょう。場合によっては尾を振り回したり、後ろ肢を片方持ち上げたりするかもしれません。

恐怖心

恐怖心を抱いている馬は、すぐに逃走できる姿勢であったり、すでに肢を動かし始めていたりします。頭や頸を高く上げて警戒し、目は大きく見開かれ、耳は馬が気になる方向に向けられているでしょう。筋肉の緊張は高まっており、すぐに走って逃げることができる体勢をとるでしょう。不安を感じている馬は苦悩しており、危険です。

立ち止まる

立ち止まる性質を持つ馬は、頑固なほどに動かなくなり、あなたが何をしても動こうとはしません。そのような馬は心身ともに調子が崩れているとも言えます。一般的に馬は痛みを感じると立ち止まりますが、恐怖や混乱を感じているため、悪癖を深く身につけてしまいかねません。

恐怖心を抱いている馬

立ち止まる馬

バッキング（背中を丸くして跳ねること）

潜るように頭を下げて前肢で立つことと、のけぞるように頭を上げて後ろ肢で立つことを繰り返す馬がこれに当てはまります。その場で繰り返す場合もあれば、少し進みながら繰り返すこともあり、馬体は左右に揺れ動くでしょう。

馬具や騎手による不快感や恐怖の他にも、上機嫌であることや馬の癖がこの行動の原因になることもあります。

興奮

食べ過ぎの馬や運動不足の馬が、幸福を感じたときや上機嫌になったとき、恐怖心を抱いている馬と似た行動をとることがあります。しかし長い経験があれば、目の輝きなどの馬の表情から、馬が用心しているのではなく、陽気なことや自信があることを見分けられるでしょう。

様々な行動が騎手の行動によって引き起こされる。この馬は脚や鞭に対して肢を蹴る反応を示すが、これは根本的には「自分は鞭の感覚が不快で嫌っており、何を意味しているのか理解ができない。推進と停止を同時に求められているように感じて、混乱している。」ということを示している。

急に背中を曲げて跳ね上げる馬

興奮している馬

後ろ肢で立ち上がること

後ろ肢で立ち上がる馬は、特に騎手が乗っている場合や手綱を引き寄せた場合に、仰向けに倒れそうなほどに真っ直ぐ立ち上がることがあります。馬が後ろ肢で立ち上がるのは、馬が前進も後退もできない場合や、馬がそうしたくない場合です。もし馬具や騎手によって制限を受けていたり、矛盾した合図を与えられたりした場合には、馬にとって唯一可能な反応かもしれません。一方で、自らを大きく見せることで、自らの拒否の意思を伝えるための荒々しい意思表示の行動かもしれません。

病気

もしあなたが馬のことを良く知っており、急に普段と違う行動を見せたら、あなたは馬の体に何か問題が生じているのではないかと考えるでしょう。病気の馬は横たわったり、とても静かに立ったり、荒々しく動き回ったり、前掻きをしたり、転げ回ったり、脇腹を見つめたりします。または痛みによって馬が極度に消極的になったり、無反応になることもあれば、跳ねたり、後ろ肢で立ったり、馬装を嫌がったり、腹帯をきつく締められることに対して荒々しい反応を返したり、乗馬されることを拒否したり、つまずいたり、耳を伏せてあなたを威嚇して追い払おうとしたり、運動中に背中をへこませたり、頭を上げたり、歩幅を短くしたりするでしょう。

後ろ肢で立ち上がる馬

逃走

突然ものすごいスピードで走り出し逃走する馬です。馬はしばしば驚くと同時に走って逃げます。逃走は恐怖や不安や反抗によって引き起こされる最も一般的な反応です。群れとの強い絆を持つ馬や馬房を離れることを嫌がる馬は、しばしば逃走して群れや馬房に戻ることがあります。

状況の理解

馬のボディランゲージの定義を集めた辞典を作っても役には立たないでしょう。なぜなら耳を後ろに伏せているときでも、それが病気の場合もあれば、注意を払っている場合もあり、また怒っている場合もあるように、様々なことを意味するからです。私たちはこれらの合図を馬の他の部分の様子と共に、つまり全体の状況を理解しながらとらえなければなりません。

私が世話をしている馬のことを良く知っている獣医が、歯を整えるために来たとしましょう。私は獣医の新しいアシスタントが、ジンガーの白目がちな目を少々困りながら見ていることに気がつくでしょう。一般的に馬が白目を見せるとき、興奮していたり恐怖を感じていたりしますが、ジンガーは3本の足でしっかりと立ち、頭を低くし、リラックスしています。つまり、この状況ではジンガーの白目はジンガーの心の状態を知るにはあまり重要ではないのです。

逃走する馬

病気の馬

後躯の位置

後ろ肢は捕食者から馬自身を保護する役割を持つため、後躯の位置や動きから馬の内面の状態について多くのことを知りえます。ここではそのいくつかを紹介します。

後躯が休まっている状態

- 馬が休むとき、腰を下げて片足を休ませることが多く、このとき後躯の筋肉は緊張がほぐれています。
- 馬が他の馬や人間と一緒にいるとき、馬の後躯の向きはその関係性を指し示します。馬があなたに対面しているとき、馬はあなたを歓迎しています。一方で人や他の馬に後躯を向けているときは、一般的には防衛や攻撃のための行動で、蹴りなどの前兆となることも多いと言えます。
- 馬が嵐の中で立っているとき、馬は後躯を風上に向けて頭を低くします。厚い筋肉が多い後躯で雨風や雪を遮ることで、繊細な頭を守っています。

険悪な状態

後躯の持つ意味合いの例外としては、牝馬が牡馬と交尾を望んでいる場合です。そのような牝馬は交尾のために後躯を牡馬に向けます。たとえ交尾を求めていたとしても、牡馬を蹴ることがあるかもしれません。他には、仔馬が尾の付け根のあたりを人間にこすってもらうために後躯を向けてくることがあります。これは仔馬が特に好む行動ですが、人に後躯を向けること自体が危険な癖になりかねません。もし人間が近づくたびに仔馬が後躯を向けてくるようであれば、馬がこすることを求めてきているだけであっても、消去するのが難しい癖になってしまうでしょう。

頭と頸

頭や頸の高さや動きは、後躯の動きと関連していることが多く、馬の次の動きを知るのに役立ちます。ここで注目すべきは次のようなことです。

- ★ 水平でリラックスした頭や頸の様子は、馬が満足してのんびりとしていることを意味します。このようなときは馬がすぐに何か行動を起 こすことはありません。
- ★ 頭が高く上げられているときや上下左右に一定の動きをしているときには、注意を払うべきです。
- ★ 特に攻撃的な場合には、耳を後ろに伏せた状態で歯をむき出し、頭を低く保ったまま前後に動かします。あなたがこの行動を見たことがあるのなら、それは母馬が仔馬を守っているときかもしれません。このジェスチャーは、はっきりと「どっかに行け、さもないと噛むぞ」という意味です。馬が頭を低くする理由は、相手の肢に噛みついて怪我を負わせ、その間に自分の肢や生存に重要な臓器を守るためと言われています。
- ★ 程度によらず、馬が急に頭を前に突き出すことには「気をつけろ」や「私の場所から出ていけ」という意味があります。
- ★ 一方で、馬がゆっくりと穏やかに頭を前に伸ばしてきたときは、好奇心や興味を持っていたり、撫でることを求めていたりする場合です。あなたが馬を撫でるとき、「そう、その場所。」と言うように頸を上げて伸ばしてくることがあるでしょう。

警戒している状態

リラックスしている状態

攻撃的な状態

歯をむき出している状態

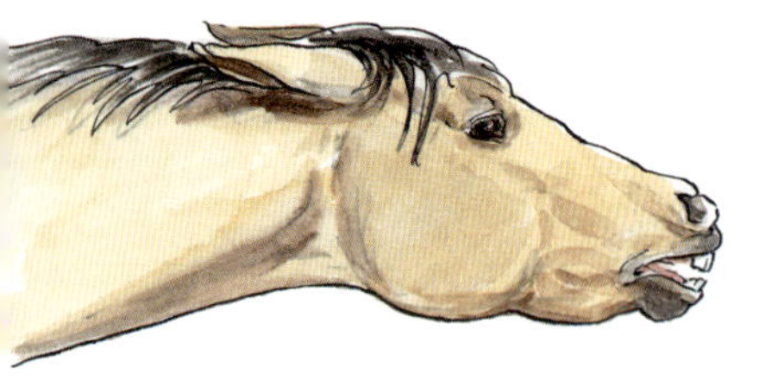

歯

馬の歯に安易に触れてはいけません。馬の歯は指や鼻が簡単に千切り取られてしまうほど強いからです。

- 馬が歯をむき出しにすることは「どっかに行け、さもないと噛むぞ。」ということを意味します。
- 馬が歯をカチカチ鳴らすことは、犬が互いの鼻を舐めるように、より序列が上の馬に対して若い馬が行う服従を示すジェスチャーです。

歯を鳴らしている状態

唇

馬の柔らかな唇を優しく撫でたい衝動に駆られるかもしれませんが、唇は物を調べたり食べたりするためにあり、指で触れる場合には注意すべきことがいくつかあります。

- 馬の唇が閉じているが緩んでいるとき、馬はリラックスしています。舐めたり噛んだりすることは馬がリラックスし、従順なことを意味しています。
- 唇が閉じられてすぼめられていたり、きつく結ばれていたりするとき、馬は緊張しており、整った呼吸ができていないかもしれません。
- 馬の唇が開いているとき、馬は何かを食べているか、飲んでいるか、あくびをしているか、ものを調べているか、噛もうとしているかのいずれかでしょう。

この柔らかく開いた状態の鼻孔は、馬が落ち着いてリラックスしていることを意味する。

鼻孔

目や耳に次いで、鼻孔を観察することでも馬の心情の多くを理解できます。

- 鼻孔が柔らかい状態なら、馬はリラックスしています。鼻孔がたるんでいる場合には馬が退屈していることが多いですが、病気に罹っているケースもあります。
- 硬く閉じられた鼻孔は恐怖や痛みに対する緊張や、攻撃的な行動の兆候を示します。
- 馬の鼻孔が膨らんでいるときは、運動によって息が切れて深い呼吸をしているか、匂いを嗅ごうとしているかです。

この牝馬は写真家に対し「私の子供から離れて、さもないと追いかけ回すぞ！」と伝えている。また、牝馬は仔馬が人間と仲良くなりすぎるのを防ごうとしているのかもしれない。

リラックスして左右に耳を倒している状態

耳

馬の全身の様子や頭や頸の位置と関連づけて耳を観察することで、馬の気性や態度について重要な情報を手に入れられます。

- 一般的に片耳または両耳が横方向に倒れている場合には、馬はリラックスしています。これは馬が休んでいるときにも、運動しているときにも見受けられます。
- 馬体の他の箇所の様子にもよりますが、耳が硬いときは馬が緊張しているか警戒していることを意味する場合もあります。特に両耳を前に向けて熱心に何かを見ているとき、馬は警戒しています。
- 耳を後ろに伏せている馬は、怒りや反抗などの攻撃的な態度を示しています。しかし病気を患っている馬や痛みを感じている馬も同様に耳を後ろに伏せることがあります。馬が耳を後ろに伏せると外耳道は塞がれるので耳の機能が保護されます。
- 騎乗中の馬が、騎手のいる後方へと耳を向けることがあるかもしれません。これは前の馬を追う場合と同様に、死角である後方の騎手に対して信頼を寄せ、注意を向けている合図です。

反抗して耳を伏せている状態

片方は前へ、片方は後ろへ向き、注意を払っている状態

優しい様子

リラックスした様子

驚いた様子

目

私たちが最初に観察する部分は、やはり温かで優しく、大きく真っ黒な目でしょう。

- 満足や安心で馬がリラックスしているとき、その鋭い瞳の中には、優しく神秘的ともいえる表情が現れます。そこには幻想的な輝きや吸い込まれるような黒さが存在しますが、その全てがとても美しいです。馬をいつもこのような姿で見られることが望ましいでしょう。
- 疲労しきった馬や不当な扱いを受けた馬、病気や怪我を抱えている馬は、落ち込んだようにどんよりとした目をしています。そのような馬は精神的に引きこもっており、心の調子が崩れています。人の指示を聞くこともなく、元気もなく、かろうじて反応する程度です。馬が希望を失ってしまっている以上、活気のある真っ黒の瞳を取り戻すことは難しいかもしれません。
- 防衛態勢の馬に見られる鋭い目も厳しいものです。母馬が仔馬を守る際にこのような目をすることがあるかもしれません。しかし、あなたがエサを与える際に馬がこのような冷たい目をしたときには、馬が自らの優位性をあなたに押しつけようとしているのかもしれません。あなたは馬に対して、自分が優位であることをはっきりと教え、エサを与えるのがあなたの優しさ故であるということを馬に分からせる必要があります。馬は人間から従順にエサを受け取ることを学習する必要があります。
- 弱い痛みや小さな悩みを気にしているかのように、気がかりがある馬は目の周りにしわを寄せることがあります。
- 恐怖やパニックに襲われたとき、馬は白目の部分の強膜が見えるほどに目を見開くことがあります。これはしばしば馬がとっさの動きがとれる体勢となっていることを意味します。しかし、馬によってはアパルーサのように白目に比べて黒目が小さいために、リラックスしているときでも白目が見えることがあります。

肢による表現

移動のみならず攻撃や防御、そして物を調べるために使われる馬の肢は、表現手段としての役割も持ちます。そのため、注意して観察する必要がある部位と言えるでしょう。

片肢を上げ、リラックスしている

- 優しく持ち上がり休んでいる後ろ肢は、リラックスしていることを意味します。
- 肢が急に持ち上がる場合「出て行け、さもないと蹴るぞ。」といった警告の意味があります。
- 前掻きには苛立ちの気持ちや病気への苦悩、エサへの欲求や砂浴びのための準備という意味があります。
- 前肢で地面を叩くことは攻撃的な行動です。馬が危険を感じて他の動物や物を身の回りから遠ざけようとしていることを意味します。
- 馬が四肢のいずれかの肢を踏み鳴らしているとき、蠅が周りを飛んでいる場合のように、苛立ちや怒りを表しています。

蹴ろうとして肢を上げている

前肢で蹴る

尾による表現

尾の位置や動きは、馬の後躯の筋肉の緊張具合を示しています。

- ★ 臀部が丸くなり、落ちている状態では、リラックスしており、馬の動きと共に尾はしなやかに左右に揺れます。
- ★ 尾を肢の間に挟み込むことは、馬が緊張しているか恐怖を感じていることを意味し、突然蹴ったり走り出したりする可能性があります。
- ★ 馬が背中を反らしているとき、馬は緊張しており、尾も固くなり、持ち上げられた状態になります。
- ★ 上機嫌な馬は、尾をまっすぐ持ち上げるかもしれません。
- ★ 尾が持ち上がった状態は、馬が警戒していることを意味する場合もあります。
- ★ 鞭で打つように尾を素早く振る場合、馬が腹立たしい気持ちになっていることを意味します。尾を振り回すような動きは、脚や拍車の扶助が好きではない馬の特徴です。音を立てて尾を振る行動は、発情している牝馬が、他の馬に対して自分の後方から離れることを求める合図や、選ばれた数頭だけが近くに寄ることを許す合図にもなります。

音を立てて尾を振る様子

尾を挟み込んでいる様子

リラックスしている様子

わずかな変化

馬の変化に気がつけるようになり、ボディランゲージを熱心に観察するにつれて、馬が大きく動く前に、あなたは多数の小さなボディランゲージに気がつくでしょう。もしあなたが小さな変化に気がつけるようになれば、より早い上達が可能になり、無駄なことに煩わされにくくなるでしょう。馬の新しい試みの姿勢を褒めれば、それは馬を励ますことになります。馬のあなたに対するわずかな警告に対し、それを見過ごさず、前に踏み出したり、体重移動をしたりすれば、あなたと馬の関係性が損なわれることを防げるかもしれません。

馬は激しい行動を起こす前に多くのサインを出しているはずです。

例えば:

目をそらす ★ 口元を堅くする ★ 耳をあなたとは違う方向に向ける ★ 尾を挟み込む ★ 頭を上げる ★ 体を引き離す ★ 筋肉が引き締まる ★ 逃げ去る ★ 唇が緊張する ★ 後退する

馬はあなたの求めた行動を実行する際にも、多くの小さな試みをしており、あなたはそれに気がついて褒めることができます。

例えば:

あなたを見る ★ 息を吐く ★ 耳をあなたに向ける ★ 尾をリラックスさせる ★ 頭を下げる ★ あなたに寄りかかってくる ★ あなたの方に頸を伸ばす ★ あなたの方を向く ★ 唇を緩める ★ あなたに歩み寄る ★ 唇をなめる

感情なのか気分なのか精神状態なのか、それとも態度なのか?

馬の気性や調教段階や管理について知っていても、日によって馬のボディランゲージや振る舞い方は違って見えます。このような違いは馬の感情や精神状態の変化で、「気分」と呼ばれます。様々な要因が関係する一時的な様子なため、私は好んでこれを「態度」と呼んでいます。

馬があなたを迎え入れる様子も、病気、怪我、痛み、ホルモン、孤独、疲労、空腹、喉の渇き、恐怖、荒天というような様々なものに悪影響を受けます。逆に、健康、社交性、体力、休息、食料、飲み水、安全、自信、穏やかな天候というものからは良い影響を受けます。

あなたと同じように、馬にも良い日と悪い日があります。厩務員やトレーナーが熱心に馬の欲求を満たし、公正に扱うことで、悪い日の数を最小限にできます。

音声の言語

馬のコミュニケーションの主要な方法はボディランゲージですが、音声による表現も可能です。ここではその表現のいくつかを紹介します。

息を吐く: 優しくリラックスして「ハァ～～～」と息を吐き出すことは緊張が解けた後のため息のようなものです。

鋭い鼻息や鼻から息を吹く: 1回や2回の鼻息は馬の不安を強く表している場合がありますが、単に馬が鼻腔から埃などを吹き飛ばしているだけかもしれません。

鼻息を震わせたり、轟かせたりする: 一般的に深い調子で発せられる、轟くような鼻息は、馬がとても用心深かったり疑い深かったりし、突然動く可能性があることを意味します。これはジンガーの普段の特徴で、私たちの行動などがジンガーの予想と違う際にそのことを私たちに教える方法でもあります。31歳になり視力が少し落ちた今では以前よりも頻繁に行っています。

いななき: これは一般的には高い調子から始まり低い調子に終わる、大きな鳴き声です。800mほど離れても聞こえることが多く、これは近所の家や近所の馬にも聞こえるほどです。馬は他の馬とコンタクトを築いたり、それを保ったり、警告や注意や世話を要求するために、大きくいななきます。現在私たちの元にいる7頭の馬のうち、5頭は比較的おとなしいですが、2頭の姉妹の馬はドアの開閉や農場内での他の馬の移動や人の姿が見えるごとにいななきます。

生後4か月のシャーロックは、いななきながら甲高く鳴くことで、数区画離れた場所で自由を楽しむ母馬のサッシーを呼んでいる。

鳴き声: 激しい鳴き声は、離乳した馬が母親とのコンタクトを再構築しようとしている場合や、群れから引き離されて逆上している馬から発せられます。

低いいななき: 柔らかく低く得意げな笑い声は、母馬が仔馬を迎える際や、飼い付けの時間などに馬が人間を迎え入れる行動です。

うなり声: 馬が呻いたり唸り声を上げたりするのは、大きな力を発揮する際の合図です。馬によっては砂浴びや跳ねたり蹴ったりする際にうなり声を上げることもあります。

金切り声: 短く甲高く、興奮した鳴き声であり、しばしば発情中の牝馬が発し、「こっちに来て」や「出て行け」という意味です。

鼻を鳴らす: 馬は相手の馬の鼻孔に向けて鼻を鳴らし、互いに挨拶を交わすことがしばしばあります。それは始まってすぐに止むこともあれば、興奮した低いいななきやうなり声、金切り声へと変わっていくこともあり、友好など様々な意味のボディランゲージです。

どのようにして馬とのコミュニケーションをとるか

すでに馬の話し方については述べてきましたが、ここからは馬が理解できるように、人間がどのようにコミュニケーション方法を発展させていくかについて述べていきます。

ボディランゲージ

馬はあなたを見つけると、すぐにあなたのボディランゲージを読み取り始めます。そのため、馬の周囲での動作や振る舞いには気をつけるべきです。ボディランゲージは馬に対するあなたの立ち位置や全身の態度や動作の中に表れます。あなたの姿勢や動作は、自信や勇気や不安や攻撃性という心理状態を示しています。馬は他者への追従を好むため、確かでスムーズな足取りや動作、そして鼓動や呼吸や雰囲気から自信が感じられるリーダーに先導されることを好みます。

馬に対して攻撃的な態度をとるべき場面は滅多にありませんが、ときには強い態度を示す必要もあります。しかし、受動的で馬を脅かさないような態度をとることが適切で効果的な場合もあるでしょう。あなたの姿勢と動作は、馬が気を引き締めるべきか、注意力を保つべきか、リラックスするべきかを伝えることになります。

ナチュラル・エイド（道具を使わない扶助）

馬の周囲にいるときや乗馬中、あなたは常にナチュラル・エイドを使うでしょう。それは身体、手、心、声を指します。

身体：体重とバランス

身体は脚と騎座と背中からなり、体重とバランスを通した扶助は、乗馬におけるコミュニケーションの基本です。グランドワークでは、立ち位置や振る舞いによって馬を前に動かしたり止めたり、旋回させたり静かに立ち止まらせておくことが可能です。身体の各部分が調和のとれたジェスチャーの組み合わせのとき、グランドワークや乗馬はより簡単になります。ただ優れたトレーナーは皆、そのような適切な所作を身につけるために多くの時間を試行錯誤に費やしたことを話してくれるでしょう。

手：誘導と方向指示

人間の手と腕は、乗馬中でもグランドワークでも、馬に方向を指示する役割を持ちます。さらに、手や腕の作用をより広く、より強く使うために、道具による扶助を使用します。追い鞭や調馬索、短鞭、引き手、トレーニングホルター（調教用のロープで出来た無口）やチェーンは、どれも道具を用いた扶助であり、私たちの手の働きを強化してくれます。ただ、道具を用いた扶助がナチュラル・エイドに取って代わること

扶助の組み合わせは、門を開けるような作業を行う際に特に重要になる。

はありません。

心:評価と判断

馬と一緒に運動するとき、一番の強みになるのは心です。心は、馬の調子を整えたり、行動を決定したり、進歩の具合を確認したり、馬への態度を強調したり、考えを修正したり変更したりする力を持っています。あなたの観察力と論理的思考力は、馬を尊敬しながら目標へたどり着く方法を見つけるのに役立つでしょう。

声:指導と元気づけ

馬は人間の言葉で言語化することはできませんが、私たちの声に反応します。馬と一緒に作業を行うとき、音声の指示を与えることは適切で効果的で、特にグランドワークや馬に指示を与える立場にある際には重要です。

ホース・クリニシャンがあまり音声による指示を使わない理由は、ホース・クリニシャンの多くが常に観客に向けて話しており、馬にとって音声の指示をそれらの中から聞き分けるのが難しいためです。音声扶助はほとんどの競技会や品評会では習慣として用いられませんが、ウェスタンで馬にスライディングストップさせる際に“Whoa”と声をかけることもあります。初期のトレーニングでの音声扶助は望ましく、とても効果的です。

音声によるコミュニケーション

馬は複数の音声による指示を聞き分けられます。馬は新たな扶助と音声を即座に結びつけ、やがて音声による指示だけで、あなたが望んだ反応をさせられるようになるでしょう。これは調馬索の際に有用です。音声による指示をパターンに当てはめることで、馬が混乱するのを避けられます。指示に使われる音声は、習慣的な言葉や声の調子、頻度やボリュームから構成されます。

言葉を一貫して使うこと

一般的に用いられる音声による指示には”Walk on”や”Ta-rot(=Trot)”、”Turn”や”Canter”や”Let’s go”があり、その他にも”Eeeeasy(=Easy)”や”Whoa”というものです。どの言葉をどの指示に使うか

馬に話しかける方法

"Walk on!" "Walk"の部分で語気を強めて発声する。馬は静止した状態から発進する。(常歩、進め)

"Ta-ROT!" "Ta"の部分で語気を強めて発声する。馬は常歩から速歩に移行する。(速歩、はじめ)

"Waaaaaalk" ゆっくりと柔らかい調子で発声する。馬は常歩に下方移行する。(常歩、はじめ)

"Trrrrahhhhht" 低い調子で発声する。馬は速歩へと速度を落とす。(速歩、はじめ)

"Whoa(ホーラ)" 急に、低い調子で、語尾を強調して発声する。馬はあらゆる歩様から素早く停止する。(とまれ)

"Eeeee-asy" なだめるように伸びた中程度の調子で発声する。馬は同じ歩様の中で減速したり、落ち着いたりする。

"Let's GO!"または**"Can-TER"** 元気に活発な調子で発声する。馬は駈歩や歩度の大きなゆったりとした駈歩を始める。(駈歩、はじめ)

"Trot on" "Ta-ROT"に似ているが単調である。怠けた速歩をしている馬は活発に前進する。(速歩、はじめ)

"Baaaack" 低くなだめるような調子で発声する。引き馬や調馬索作業において馬は後退する。(後退、はじめ)

"Tuuuurrrrrrn" 心地良い下り調子で発声する。調馬索のときに馬は進行方向の転換をする。

"Okay" 打ち解けた前置きと共に発声する。馬に対して他の指示が続くことに注意を向けさせる。

"Uh!" 突然の指示として発声する。馬の注意を喚起する。

"Goooood boy/goooood girl" 褒めるように元気に発声する。馬に上手にできていることを伝える。

出典元:Longeing and Long Lining the English and western Horse

は、あなたよりも馬にとって重要です。伝統的に"Whoa"や"Ho"は停止のために使われますが、"Bup"や"Stop"を代わりに使うこともできます。言葉や言い方を途中で変えるのは不適切ですが、一貫して使い続け、擬態語のように言葉と動きが結びついているのであれば、どのような言葉でも馬にとって問題はありません。

馬は少しならば言葉を覚えられますが、音の似ている言葉を覚えさせようとするのは望ましくありません。もしあなたが"Whoa"と"No"を両方とも馬に対して使えば、他の行動を止めさせようとして"No"と言ったときにも歩いている馬を停止させてしまいます。

適切な声の調子を選ぶこと

声の調子や声色は、馬が指示を理解する際の大きな手がかりとなります。ハキハキとした高音での発声は、軽快な速歩と結びつきやすく、説得力のある重低音で発声される"Whoa"は、馬にとっても分かりやすいものです。母親が子供に「困った子だこと。」と愛おしそうに語りかければ、文字通りの意味よりは、子供は笑顔で喜ぶでしょう。馬にとっても同じです。あなたの声の調子は、単語が持つ意味以上に雰囲気や意図を馬に伝えるのです。

抑揚に気をつけること

声の調子に密接に関係するものに抑揚があります。これは声の調子の上がり下がりを意味しますが、声の調子が上がると馬は前進し、下がると馬は減速したり落ち着いたりします。そのため駈歩の号令では、語尾を下げるように発声するよりも、-terの部分を上げながら“Can-ter”と発声する方が適切です。

初心者の男性のトレーナーにとって最大の挑戦の一つに、声の調子をしっかりと下げた適切な“Whoa”の発声を知ることがあります。大半の場合に、最初は語尾の上がった”Whoa?”という風な言い方になってしまいます。これでは意図が伝わりません。音声の指示が上達する中で、自身の発声がどう変化するかを知るためには録音機を使うのも良い方法です。

適切な音量で発すること

馬の聴覚はとても鋭いため、馬に向かって叫んだり大声で話しかけたりする必要なく、むしろ逆効果と言えます。ささやく程度の音量でも馬には聞こえています。日々の手入れやトレーニング中は、厩舎や馬場の反対側にいる人にも聞こえない程の音量で、静かに会話するだけで十分でしょう。声量が必要となることは滅多にありませんが、馬が居眠りをし始めたときや、リズミカルに尾をフェンスにこすりつけている際には、「トゥインクル、それをやめなさい。」と抑揚をつけずに言う必要があるでしょう。あなたが声量を上げたり、手拍子や笛を鳴らしたりしなければならないときは、夢中になっている馬を呼ぶときぐらいです。

第9章　学習

馬は高度な問題解決能力を有する動物ではありませんが、その高い学習能力や適応力のおかげで私たちは調教することができています。人間のパートナーとして考えたとき、馬はとても聡明な動物です。

馬は絶えず学習をしています。馬は日々環境に適応し、私たちのすることとしないことにそれぞれ反応します。馬がどのように学習するかを知れば、私たちはより注意深い、より良い指導者になれるでしょう。

脳

　人間の脳の重さは体重のおよそ2%に相当しますが、一方で馬の脳の重さは体重の0.1%に過ぎません。脳の大きさを知能の指標とすると、馬の知能が低いことに納得できるようにも思えますが、この考え方は全くといって良いほど間違っていると言えるでしょう。

脳の部位

　哺乳類の脳はいずれも似た構造を持ちます。馬の脳の部位ごとの機能は明らかになってはいませんが、人間や他の動物の脳の研究を参考に、ある程度は推測できます。

大脳

　脳の思考部分は、前頭葉、頭頂葉、側頭葉、後頭葉の4つの部分に大きく分けられます。大脳皮質では視覚や聴覚の情報が処理され、学習もここで行われます。大脳の中心部は辺縁系と呼ばれ、感覚の情報が処理されます。また、辺縁系には匂いや味の情報を処理する嗅葉があります。

小脳

　運動を司る部分は脳幹の上に位置します。小脳は平衡感覚や運動の整合性、筋活動を制御します。意識の働きは、小脳の神経活動によっ

脳の比較

脊椎動物の脳の重さは体重に比例せず、左下の表のようになります。一方で、脳の機能や相対知能には他の生理学的な要因も関係するため、相対知能は右下の表のような順位になります。下の表はどちらもおよその値です。

体重に対する脳の重さの比率	
小鳥	8.00%
ヒト	2.00%
ネズミ	2.00%
イヌやネコ	0.10%
ライオンやゾウやウマ	0.10%
サメやカバ	0.035%

相対知能ランキング	
ヒト	7
イルカ	5
チンパンジー	2.5
ゾウ	2
クジラ	2
イヌ	1
ネコ	1
ウマ	1
ヒツジ	1
ネズミ	1未満

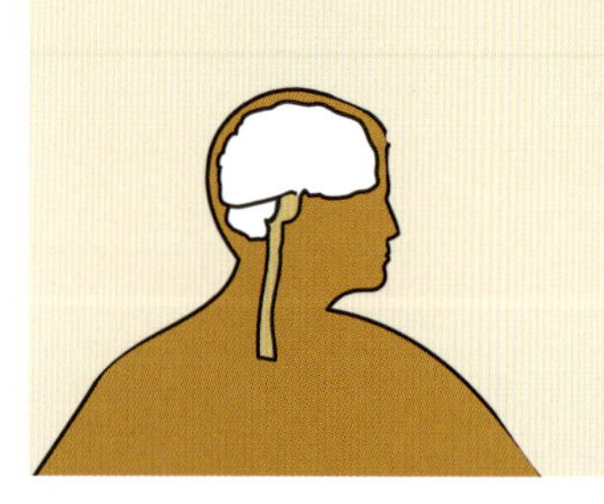

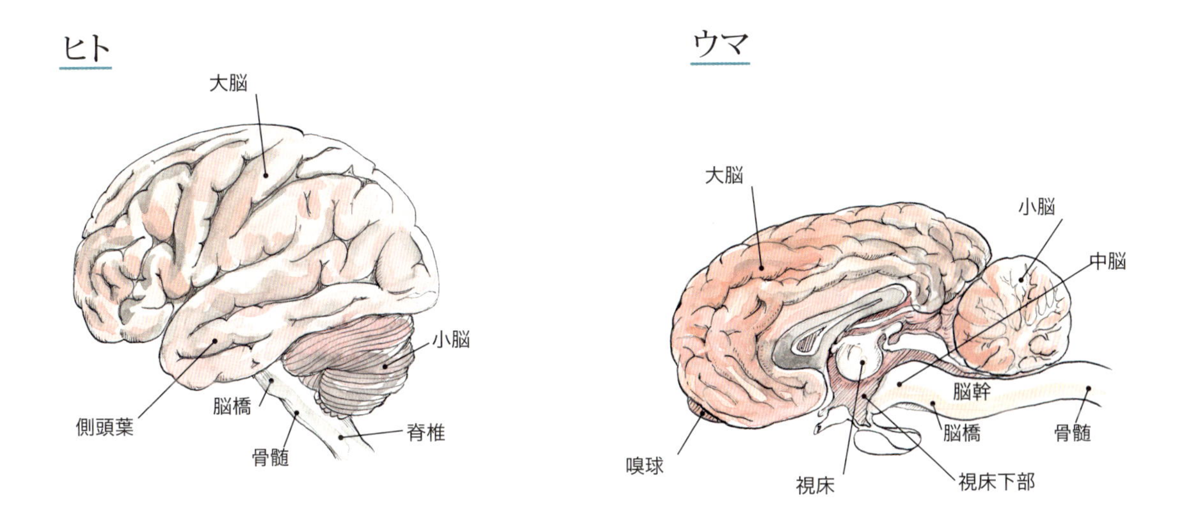

て制御される一連の活動です。調教によって得られた運動技能はここに蓄積されます。平衡感覚は小脳の中で内耳からの情報と結びつけられ処理されます。

脳幹

脳幹は、骨髄、脳橋、中脳、視床部の４つの部分に分けられます。骨髄は脊髄と脳を繋いでおり、呼吸や消化や心拍などの基本的な機能を担っています。脳橋は覚醒と睡眠のバランスを調節しています。中脳では記憶の保持が行われます。性やストレスに関連するホルモン分泌の調整が行われる下垂体の中に視床部は含まれます。視床部や視床下部では体温調節、空腹感、喉の渇きを判断し、内分泌腺や自律神経の制御を行います。

★ ★ ★

辺縁系は大脳皮質の下に位置する部分であり、その中心には視床下部があり、海馬や扁桃体を含んでいる。辺縁系は感情や動機や記憶を司り、恒常性調節機能の一部を制御する。

★ ★ ★

知的処理

馬の学習は、思考ではなく反応によって行われています。馬は実際に見たものや経験したものしか理解できません。馬の学習方法を理解することはただ興味深いだけでなく、馬とのコミュニケーションやトレーニングの基礎にも役立ちます。

結びつける力

★ ★ ★

結びつける力とは、行動や刺激と、それに対する反応を結びつける能力である。馬は罰を避け、褒美を求めようとするため、これは馬を調教する際に重要な能力である。

★ ★ ★

馬は生まれつき刺激と反応を結びつける能力に長けており、これは古典的条件づけの基礎となります。このことは熟練したトレーナーにとっては大きく役立ちますが、初心者にとっては問題を引き起こす原因にもなります。私たちが望むか否かにかかわらず、馬は常に学習を行っています。

たとえば、引き馬で後退することを教えるとき、あなたは馬の正面に立ち、“Baack”と言いながら馬に歩いて近づくでしょう。最初のうちは馬は何を求められているのか理解していません。このときに無口の鼻革を引き、手の端で軽く叩けば、馬は一歩後ろへ下がるかもしれません。このときにあなたが近づくのをやめたり、褒めたり、愛撫したりすることによって、馬を古典的条件付けによって調教できます。次回あなたが同じことをしようとしたとき、馬に向かって正面から歩きながら"Baaack"と言うだけで、あなたが後退を要求していると馬は気がつくでしょう。このように馬が行動や刺激と反応をすぐに結びつける性質は、馬をこれほどまでに調教しやすい理由の一つです。それでも初心者が同じように調教しようとしたとき、馬が前に突進したり、後ろ肢で立ち上がったりして、馬を混乱させてしまうことがあります。馬は望ましくない行動を結びつけてしまうこともありますが、それもまた結びつけの学習が成立していることに変わりありません。

予測

馬が運動を学習し、特にその運動が頻繁に繰り返されると、馬はあなたの次の要求を予測するようになります。私たちは冗談めかして馬は読心術者とか、自動運転とか言いますが、これは決して笑いごとではありません。なぜなら、あなたは馬とのコミュニケーション手段を失うことになるからです。あなたが指示を出す前に、馬は要求されると予測した運動を始め、馬はその予想が当たっているか否かを確かめるようになるでしょう。障害物や馬場のある地点に近づくことなどが、馬の予想のきっかけとなる場合もあれば、あなたのボディランゲージが馬に予令を与えているケースもあります。あなたはこれを調馬索の際に目にするかもしれません。たとえば、あなたがいつ駈歩を要求するか馬が感づいていれば、あなたが合図をした瞬間に駈歩を始めるでしょう。これはあなたの要求に対して反応しているとは言えませんが、あなたは「この馬は私の心を読んでいるのではないだろうか。」と考えるかもしれません。実際には、馬はあなたの予令を読んでいます。この行動を初めて目にしたときには、馬が予測することは問題のない行為で、むしろ素晴らしいように思えるかもしれません。ですが、実際には馬が人の指示を聞かなくなる原因にもなりかねません。

馬の予知を防ぐためには、自身の準備や指示に目を向ける必要があります。運動課目の行う順番に変化をつけたり、調教する場所に変化をつけたり、調教内容を常に次の段階へと進め続けることが必要です。

記憶力

馬は象に次いで、動物の中でも記憶力の優れた部類に入ります。良くも悪くも馬は訓練したことを滅多に忘れません。馬は昔に教えた条件付け学習も驚くほど鮮明に、長期にわたって覚えています。頭を下げるような単純な作業を一度覚えると、再び使ったり復習したりせずとも数ヶ月も忘れずにいます。もし馬がウェスタンのレイニングのような特定のパフォーマンスを学習したならば、何年も忘れずに覚えています。長い間行わなかった場合、1回目は完璧にできないかもしれませんが、馬はすぐに感覚を取り戻し、すぐに上達するでしょう。

同様に、私たちは馬の持つ悪い記憶を消せません。特定の場所で恐怖を感じたり怪我をしたりしたために、以降もその場所を用心深く気にし続けることがあります。そのような心の傷は、埋め戻せないほどに深いため、私たちはただ新たな記憶を上から重ねていくことしかできません。

刷り込み

一般的に仔馬が最初に体験する学習は刷り込みです。母馬と仔馬の間に結ばれる絆は生後数時間の間に築かれます。胎盤の流出物の匂いや母馬と仔馬の呼び合いによって仔馬の先天的な行動は強められます。

人間との初期の調教は良い考えです。一度母馬と仔馬が絆を築き、健康上問題がなければ、仔馬は人間によって扱ったり触れたりできるようになります。ほとんどの仔馬は夜に生まれるため、早ければ翌朝から調教を始められるでしょう。

可愛さは危険に変わりうる

見世物として前肢をオーナーの肩に乗せる芸を仕込まれた小さいポニーの仔馬は、5歳を迎えて270kgに成長してもなお、この技を忘れずに覚えている。幼い馬が覚えた愛らしい行動も、すぐに危険な習性に変わってしまいかねない。

刷り込みによる学習は出生時に、母馬と仔馬が音や匂いを交換するときに起こる。この間は人間が干渉しないことが望ましい。

観察学習

他の馬の行動の観察学習や模倣は群れの中で見られ、この習性は調教においても利用できます。馬の群れが小川を渡るとき、馬は前の馬が安全に渡る様子を見て安心します。馬と手綱をとる人間が絆で結ばれれば、人間がリーダーとなって先を歩けば、馬を渡らせることも簡単にできるようになります。他の馬が馬装される様子や調馬索や乗馬作業を受ける様子を見ていた若い馬の方が、隔離されていた馬よりも作業を楽に進めやすいと言われています。そのため、トレーナーの中には円馬場に若い馬を集めて鞍への馴致や運動をさせることを好む人もいます。これは馬の性質を上手く利用していると言えるでしょう。猿は見て真似ると言いますが、集団の中には安全のための知恵があるのです。

しかし観察学習は良くない方向に働くこともあります。舌で吸う癖や齰癖、木を噛む癖やおびえ癖、人間から逃げる癖は、馬の模倣する性質を介して他の馬が身につけるとも言われています。

馴致

あなたが馬と一緒に作業に取り組む際に必要な初期調教の原則の一つは、馴致です。これは馬が恐怖を感じることなく受容させるために、特定の人や運動や物を馬に慣れさせることです。同じように用いられる用語を程度の弱いものから強いものへと並べると、ジェントリング、エクスポージャー法、フラッディング法があります。

ジェントリング(Gentling)

これは馬体の様々な部分に触れることで馬を全身のグルーミングに慣れさせることです。一度馬が人間を恐れないようになれば、馬は自然に額や頸を撫でられることを好むようになります。馬はさらにくすぐったく感じる部分や敏感な部分もグルーミングされることを受け入れ、好むようにならなければなりません(「馬の撫で方」38ページ参照)。

エクスポージャー法(段階的な減感)

エクスポージャー法とは優しい刺激を間隔をあけて段階的に強くして与えることで、計画的に減感、すなわち敏感な感受性を穏やかに変えてゆく方法です。特定の刺激を繰り返し念入りに与えることで馬の反応は消去されます。馬をブランケットやレインコートに慣らす際にこの方法を用いると、馬の物体に対する視覚や聴覚や触覚に対する懸念を徐々に減らせます。もし目標が音のでるビニールのシートを馬の背中で振り、それに馬を触れさせることであれば、あなたはまず綿の毛布を使って馬をこすり、数週

★ ★ ★

異なる学習の方法を表す様々な用語がある。

刷り込みは、若い馬の生後数時間の重要な時期に本能的な行動を強め、絆を形成する中で行われる学習である。

観察学習は、他の個体の行動を真似る方法であり、模倣ともいう。

馴致は繰り返し刺激にさらすことで、馬の刺激に対する反応を減少させる方法である。

フラッディング法は、馴致より強く圧倒的な刺激を与える方法である。

★ ★ ★

馬の群れは川を渡る際にリーダーの後を追う。次頁の写真のように、人間はそのリーダーの役割を担うことができる。

間かけてビニールのシートへと段階的に慣らしていくべきでしょう。

フラッディング法

フラッディング法は動物を拘束した状態で強い刺激を与え、動物が反応を止めるまでそれを続ける方法です。上の例の場合には、馬を完全に拘束した状態で、ビニールシートを持って激しく揺らしながら、あらゆる方向から近づくことになります。これは人馬が怪我をする危険があるのみならず、必ずしも必要な方法ではありません。

最良の結果のための安全な方法

安全のためにも私は馬への馴致を奨めますが、完全に減感する（感覚を失わせる）ことでロボットのように無能な馬にすることは好ましくありません。山地で乗馬をする際、やはり持って生まれた本能を馬は持っているべきでしょう。強いフラッディング法を用いてあらゆる反射反応を取り除けば、ぬいぐるみの馬に乗っているようなものになってしまいます。私が馬に対して気を配るのと同様に、乗馬中は馬も私に気を配っていてほしいと私は考えます。しかし馬の感覚が麻痺されてしまえば、馬が危険に際して反応することもなくなってしまいます。

減感の有益な使い方は、獣医が馬に注射をする際に見て取れます。獣医は針を刺す前に注射箇所を数回手の甲で叩き、あらかじめ神経に刺激を与えておきます。このようにして準備ができた馬は皮膚が減感されているため、針に反応することはほとんどありません。注射の前に数秒間皮膚をつまみ続けることも同様の効果があります。注射される部分は痛みに鈍化し、馬は滅多に針の痛みを感じません。

私は若いサッシーを山の小川で引いて歩き、頭を下げて川の中を見る余裕を与えている。それから再び乗馬すると、サッシーは大いに自信を持って水しぶきを上げながら川を渡る。

潜在学習

すでに理解したはずの学習内容が行動に表れない現象は、潜在学習として知られています。馬がレッスンを受けてもすぐには理解したことを実際の行動として示さないものの、数日後には最初から完璧な行動や反応を返す場合があります。この潜在学習は馬においてしばしば見受けられます。馬が理解していないように見えても、理解する時間を与えることで解決につながるケースもあります。

学習の本質

馬はそれぞれ異なる早さで学習をします。調教計画を持つべきではありますが、それぞれの馬に合わせて調整する必要があります。また馬は常に学習をしています。あなたがエサを与えるときも、放牧するときも、ただグルーミングをしているときも、あなたは馬に何かを教え、馬はそれを学習しています。

あなたが要求することを馬が学習するためには、馬があなたの要求を理解する必要があります。

まずは「私が脇腹に触れるときにはあなたが怖がらなくなってほしい。」というように、要求は単純にするべきです。それから様々な訓練を通して、馬は様々な刺激に対する適切な反応を学習していきます。そのようにして、前進や後退や横運動を求める場合の脚からの刺激と、衔に向かって馬を押し出し収縮を求める脚の刺激を、馬は区別できるようになってくるのです。

右脳と左脳

脳の左側は科学的思考や論理的思考、問題解決能力を司り、そのためしばしば脳の思考的側面と呼ばれる。脳の右側は映像処理や図形的思考、情緒性や創造性を司り、そのために脳の芸術的側面と呼ばれる。

馬の思考には、より右脳的な傾向があり、人間の思考にはより左脳的な傾向がある。そのため、馬は人間の右脳の発達を助けることができ、そして人間は馬の左脳の発達を助けることができる。

馬に善悪がわかるか？

馬は生まれ持った行動パターンに従って行動するため、本能的に自らの行動を当然正しいと考えています。私たちが新たに馬に教えるまでは、馬にとって自らの行動はすべて正しいのです。それでも馬は人間との良い関係の維持のために人間の決めた善悪の基準を進んで学習します。これは驚くべきことで、まさに才能です。私たちは公正に良き指導者として努力し、馬に報いることができるでしょう。

行動の修正

夢中で牧草を食べているときでも、蹄洗場に繋がれているときでも、馬運車に乗り込むときでも、馬は常にいくつかの行動を示します。行動を修正する中で、あなたはその根本にある行動に向き合い、慎重に馬の行動をより安全で有用な行動パターンに変えていけます。体系化された調教の原則に従って刺激と反応を結びつけることで可能となります。

馬があなたの望んだ行動をしたとき、あなたが今後もその行動が繰り返されることを望むのならば、その行動を促せるでしょう。馬があなたの望まない行動をした場合には、あなたはその行動を妨げたり、抑制をしたりすることで、別の望ましい行動を学習させられます。それからその新たな望ましい行動を強化できます。あなたが馬について学ぶほど、修正が必要な行動は少なくなるでしょう。

馬があなたの意図を理解するためには、馬と共に作業をするときはいつもあなたの扶助と反応がタイミング良く、一貫性を保っており、適切で簡潔である必要があります。

タイミングの重要性

馬を褒めたり罰したりする際、そのタイミングは重要です。賞罰を馬の行動と結びつけるためには、馬が行動を起こしている間か、その後の数秒間のうちに反応を返さなければなりません。もしあなたがそれ以外のタイミングで褒めたり罰したりすれば、誤った行動を強調することになるかもしれません。

例えば1歳のオスの仔馬を放牧する際、無口を外した瞬間に仔馬が頸を伸ばしてあなたを噛んだとします。馬はあなたを噛むと同時に自由を手に入れることで、私たちの意に反して、その仔馬の行動は報われてしまいます。この場合、仔馬を追いかけたり叫んだりしても意味はありません。もちろん捕まえて罰を与えても良いことは何一つないでしょう。仮にそうしようとしても、あなたは仔馬を捕食者のように追い回し、やっと捕まえた仔馬を罰することで、仔馬を混乱させてしまうでしょう。それでは意味がありません。

これは馬にとっては正しい行動であるが、近くにいる人間からは当然適切でない行動と見なされる。しかしながら、馬と人間のどちらの捉え方が正しいかにかかわらず、このような馬の後ろ肢で立ち上がる行動は矯正されるべきである。

馬を扱うときは常にその場で対処しなければならず、注意を払い続ける必要があります。馬が噛もうとした際に、何か他のことで馬の注意を引くように、馬の行動の傾向に気がつけるようになる必要があるでしょう。あなたは馬を理解し、馬のおふざけに未然に気づける感覚を発達させなくてはなりません。あなたがこの兆候に気がついたときには、馬の頭を下げて後退させたり、厩舎に連れ戻したり、杭に結びつけたりし、数分後に改めて放牧するという方法をとれるでしょう。

一貫性を保つこと

最初のうちは、馬に何かを求める際に一つの方法にこだわることが馬の学習を助けます。馬が単純で基本的な事項を一度習得したならば、徐々に変化を加えることで、それはより進んだ乗馬の基礎となります。

たとえば、蹄を手入れするために肢を持ち上げることを馬に教えるとき、馬の肢は根を張ったように地面から離れないかもしれません。肢の腱をつまむという技を使えますが、それでも馬によっては上手くいかないかもしれません。もしくは夜目（よめ）（附蟬（ふぜん））の部分をつねることで少し改善するかもしれません。それでもはっきりとした反応が得られないときには、蹄の前の部分を鉄爪で叩き、ブーツの爪先で蹄の後ろを軽くつつく必要があるでしょう。そしてまた再び夜目をつねり、腱をつまみ、それから…。こうなると私も混乱してきますし、もはや馬がどう感じているのかも分かりません。

馬の頭の中で電球がまさに点こうとしているときのように、あと少しのところまで来ているのに諦めてしまい、他の方法を試そうとすることがあります。もしあなたが確かな手順に沿って取り組めば、扶助は一貫したものになるでしょう。最初は時間がかかるかもしれませんが、2回目以降はより早くなります。念のために繰り返しておきますが、上手くいかないときには方法が間違っており、物事が危険な方向へ進んでしまうこともあります。解決できないときに、立ち止まって取り組み方を変えたり、他の人に助けを求めたりすることが必要な場合もあります。

適切な扶助と指示の選択

挑戦して成し遂げようとしていることに対して適切な扶助と指示を選び、それを適切な強さで使うべきです。

たとえば、あなたが門を開けるため馬に後退するように教えるとき、門を視覚的な補助として用いることは適切な判断でしょう。馬を扉に対面するように立たせて開き扉を馬に向かって押し開けると、扉は馬にとって後退と結びつく視覚的な指示になります。しかし馬を動かすために扉で馬を押したり、鼻面に当てたりするのは好ましくありません。

簡潔なコミュニケーション

馬は文章での理解が必要となるような、複雑な運動に対する指示を理解できません。簡潔なコミュニケーションなほど良いと言えます。あなたが調馬索中に馬に速歩を教えるならば、適切なボディランゲージと共にはっきりと“Ta-rot”と発声することが望ましいでしょう。「おばかさん、こっちに来て。そこでもっと。さぁ、行くの。おいで、おばかさん。」というような指示は効果的ではありませんし、むしろ逆効果になってしまいます。

行動の修正テクニック

馬を調教するとき、あなたは馬の行動を修正することになります。馬は物事を関連づけて理解する能力に長けているため、適切に刺激と反応を条件付けると、すぐに何をすべきか、すべきでないかを身につけます。行動を修正する方法には、正の強化(報酬)、負の強化(解放)、正の罰(懲戒)、負の罰(減衰)という4つがあります。いずれの方法においても、刺激や強化因子(関連付けのきっかけとなる要素)を利用して馬に学習させます。

強化因子と刺激

行動主義心理学者は、調教の際に特定の反応を引き起こすために馬に与える刺激のことを「強化因子」と呼びます。そこには強化因子を与える動作に対して馬が示す反応が存在します。私たちが慎重に動作を選べば、望んだ反応を馬からえられるでしょう。

強化因子と強化の二つの用語を用いると混乱を引き起こしてしまうので、私は刺激という言葉を使っていますが、この本の中では刺激と強化因子は同じ意味で使っています。

刺激には圧迫のように物理的接触がある場合もありますが、人間が歩いて馬に近づく際のようなボディランゲージが刺激となることもあります。馬が何か特定の意味を学習するのは、"Eeeeasy"のような音声による指示が刺激となる場合です。ビニールのこすれる音や鞭が突然視界に入ることが馬に対して刺激として働く場合もあります。

馬は刺激をポジティブなものとネガティブなものに分けて理解します。ポジティブな刺激は馬の気分を良くし、ネガティブな刺激は馬の気分を害します。その上ポジティブな刺激とネガティブな刺激は、それぞれが一次的なものと二次的なものに分けられます。

一次的なポジティブな刺激は馬が生まれつき好むもので、馬がそれらを好むように学習させる必要はありません。食事や休憩、額をなでられることや圧迫から解放されること、明確なパーソナルスペースを保つことが含まれ、馬は生まれながらにこれらを好みます。

二次的なポジティブな刺激は馬の中で一次的なポジティブな刺激と結びついたことで満足感を得られ、馬が好むようになった刺激です。あなたが愛撫したり休ませたりおやつをあげたりしながら「よしよし」と言って馬を褒めると、その言葉と心地よさを馬は結びつけます。やがて言葉をかけるだけで馬に心地よさを感じさせられるようになるでしょう。

一次的なネガティブな刺激は馬が生まれながらに好まないものです。馬は痛みや刺激や恐怖を与えるようなネガティブな刺激を生まれつき好まないため、馬がそれらを嫌うように学習させる必要はありません。

二次的なネガティブな刺激は一時的なネガティブな刺激と結びつき、緊張感や不安などの不快感を伴うために、馬が嫌い、避けるように学習した刺激です。あなたがなかなか集中しない馬を叱るとき、「ダメ!」と声を荒げ、その後すぐに引き手を鋭く引っ張れば、馬の中でこの2つの刺激は結びつき、馬は叱られる際の言葉とその後の鼻への不快な圧迫を結びつけて学習します。やがてあなたは言葉だけで馬の困った行動を止めさせたり、注意を払わせたり、静かに立たせたりできるようになります。

馬の額をなでることは一次的なポジティブな刺激である。馬はこのことを無意識に好む。

あなたが額をなでながら"Good boy"と声をかけたとき、あなたは愛撫に対して言葉を二次的なポジティブな刺激として結びつける。

やがて、あなたが離れた場所から"Good boy"と声をかけるだけで、馬はあなたの温かく柔らかい愛撫を思い出し、満足できるようになる。

これら三つのイラストは、一次的なネガティブな刺激と二次的なネガティブな刺激の結びつきを描いている。
(1) 無口を急に引っ張ることは、一次的なネガティブな刺激である。馬は生まれつきこのようなことを嫌う。
(2) あなたは無口を急に引っ張るときに"Quit"(やめろ)と声をかければ、あなたは二次的な刺激を引っ張る動作と結びつけられる。
(3) やがて、あなたが離れた場所から"Quit"(やめろ)と声をかけただけで、馬は無口を引っ張られることによる身体的な不快感を思い出し、二次的な刺激によって馬を罰することができるようになる。

正の強化(報酬)

馬があなたにとって好ましい行動をしたとき、すぐに馬の好むものを与えたり、馬の機嫌をとったりすると、馬がその行動を繰り返すように促進できます。これは馬に報酬を与えるに等しく、「正の強化」と呼ばれます。行動の後に得られる褒美を求めることで、やがて馬は強く望んでその行動を繰り返すようになります。休憩や肩への愛撫は一次的なポジティブな刺激になります。

褒美は馬の調教の基礎ですが、誤った行動を不注意に褒めないように気をつけなければなりません。仔馬があなたに尻を向けた際に、あなたが「なんて可愛いのだろうか」と思い、笑いながら尾の付け根あたりを優しくこすれば、その問題行動を身につけさせてしまいます。馬は人間に尻を向けることを褒められたと感じ、報酬を求めて同じ行動を繰り返すようになります。さらに具合が悪いことに1歳を迎えその馬を放牧するようになると、放牧から戻す際に馬は同じ行動をとるかもしれません。あなたは成長した馬の大きさに脅威を感じ、臀部を鋭く叩くことになるでしょう。そうすれば馬は不安を感じて驚き、混乱に陥ってしまいます。報酬を与える際にも注意は必要で、不注意にも報酬を与えたことが、あなたを悩ませたり怖がらせたりするような結果を引き起こす原因になりえます。

もう一つの注意すべきことは、食事が馬にとって最も強い一次的なポジティブな刺激で、そのために食事中に起こることには注意しなければならないということです。あなたが馬にエサを与えるために牧草地に向かったとき、馬が耳を伏せて脅すようなボディランゲージをしながら近づいてくるかもしれません。そのときエサを投げ出して逃げてしまえば、あなたはこの先も馬が同じような行動を繰り返すように報酬を与えたことになってしまいます。

同様に馬のうちの一頭が欲求に対して騒ぐ馬で、その悲鳴があな

たを狂わせそうなほどのときを考えてみましょう。もし馬を静かにさせるために余分にえさを与えたら、馬の肥満に寄与してしまうのみならず、馬の叫ぶ行動に対して報酬を与えていることになってしまい、馬は自分の望むものを手に入れるために同じ行動を繰り返すようになってしまいます（この問題の消去についての詳細は142ページ参照）。

負の強化（解放）

馬が望ましい行動をとったとき、私たちはネガティブな、馬が嫌がる刺激を取り除き、望ましい行動を強化させられます。これは「負の強化」と呼ばれています。やがて馬は負の強化がより早く取り除かれるように、望ましい行動をすぐに行うようになります。

たとえばあなたが馬を反対側へと動かしたいとき、手や鞭の柄の部分で馬の肋骨のあたりを押すでしょう。乗馬中ならば、脚で圧迫したりして馬を横に移動させられます。馬が圧迫を避けて左右に動き始めたら、すぐに手や鞭の柄や脚を馬から離すことで圧迫を取り除くべきです。馬の横方向の動きは負の強化と一次的な刺激を用い訓練できます。左右に動けば、馬が嫌いな圧迫は取り除かれます。馬はすぐに反応するようになり、向こう側へ動かすために必要な圧迫も少なくなるでしょう。

もう一つの例は半減脚において見られます。馬場馬術における半減脚やウェスタン乗馬における急停止は、馬に対して瞬間的に大きな力の発揮を要求します。騎座や脚からの推進と、頭絡を介した拳からの抑制を利用することで、騎手は馬の注意を高め、勢いを保ったまま1、2秒の収縮を求められます。このときも、馬が反応したらすぐに半減脚の扶助を使うのを止めるべきです。

負の強化を用いる際も、調教における他の場合と同様に、要求よ

★　★　★

正の強化は、行動の途中やすぐ後に馬が好む刺激を与え行動を促進させる。ご褒美とも呼ばれる。

負の強化は起こっている行動を促進するために、馬が嫌がる刺激を取り除くことを意味する。

強化は、刺激と反応の関係性を強めることを意味する。あなたは食事や休憩という、生まれ持った一次的な刺激や、褒め言葉や愛撫という、一次的な刺激や学習した刺激と結びつけられた、二次的な刺激を使うことができる。

★　★　★

馬の生まれつきの反射反応に起因する行動を罰してはならない。この馬は腹帯や調馬索、頭絡やサイドレーン、鞭に反応しているのかもしれない。

りも褒めることや、譲ることを重視して下さい。言い換えれば、良い結果は馬が要求に従った際などの褒美によって得られるのです。馬が望ましい方法で反応したとしても、馬に考えさせるような方法ではなく、強制して萎縮させるような方法をとった場合、次に要求をしたときに馬は意欲的に反応しないでしょう。

注意：負の強化は裏目に出ることもあります。

馬が跳ねて鞍や騎手を振り落とすことに成功したら、跳ねる癖は負の強化の原則によって強化されてしまいます。もし馬が最初に鞍や騎手を嫌なもの、怖いもの、不快なものとして認識してしまい、跳ねることでそれらを取り除くことに成功すれば、飛び跳ねる癖はその後も繰り返されてしまいます。

正の罰(懲戒)

馬が望ましくない行動をしたすぐ後に罰を与えると、馬はやがてその行動を繰り返すことをやめるようになります。つまり馬がした行動に対して馬が嫌がる刺激を与えれば、その行動を罰したことになるのです。馬の調教の際に罰を使うことを渋る人もいますが、これは不自然で誤った考え方です。数日間牧草地で馬の群れを観察すれば、馬の群れの中で実に厳しく荒々しく罰が使われている光景をいくつか目にすることでしょう。

離乳したばかりの仔馬が大人のセン馬に近づき、脇腹を鼻先で突いたとき、仔馬はその行動に対して罰を受けます。そしてそれは明らかな形で、離れろ、近づくな、と伝えています。与えられる罰は蹴るや噛むという行為の場合もありますし、ときには仔馬が怪我さえします。しかしこれが馬の自然な行動です。どんな馬でも序列の下位の馬が上の馬のエサに近づいたときには罰を受けます。罰は馬が群れで生存する中で必然的に存在し、本来の馬の成長に即した調教を行う際には不可欠な要素です。この本の原則に従って罰を与えるのであれば、その行動に対して即座に、一貫性を持って適切で簡潔に罰を与えるべきで、それが将来的な馬との友好的な関係の形成につながります。

たとえば引き馬の際に馬があなたを追い越そうとしたり、前に走っていこうとしたりしたとき、あなたが鋭く無口を引っ張れば、それはあなたが馬の危険な悪癖を罰することになります。無口から馬の鼻面へ与えられる圧迫は一次的な刺激で、馬はすぐに鼻への圧迫や痛みを嫌な刺激として理解します。あなたは引き手を引っ張る一次的な刺激に「ダメ!」という音声による指示を二次的刺激として結びつけられます。あなたの威厳のある声と馬への指示を結びつければ、やがて馬はあなたの声だけで同じ反応を示すようになるでしょう。

もう一つの例は電気柵です。馬が隣の馬場や放牧地の間にある電気柵にもたれかかったとき、馬はフェンスから刺激を受けます。これは一次的な刺激による罰で、馬は学習せずともその痛みを好ましくないものとして認識します。馬が同じような行動を繰り返すことはやがてなくなります。

★ ★ ★

正の罰では、行動の間やすぐ後に馬が嫌がる刺激を与え、行動を阻害する。

負の罰では、馬が喜ぶ刺激を取り除き馬の行動を阻害し、消去する。

★ ★ ★

罰は馬が理解している概念である。馬は厳しく荒い罰を仲間に対して与える。右側の馬は歯と蹄で「どっか行け、近づくな」という意思を示してる。

負の罰（報酬の剥奪）

馬が望ましくない行動を身につけており、私たちがそれを消去しようとしたとき、それを除去するために消去の原則を利用できます。

エサを求めて騒ぐ馬の例を前に示しましたが、その馬は叫べばエサを手に入れられると学習してしまっています。これは、正の強化や報酬の原則を使い、軽率にも馬を叫ぶように訓練してしまったのです。

この望ましくない習癖を取り除き、消去するためには、新たな正の強化を用います。まず馬が騒ぐなどの望ましくない振る舞いをしたとき、エサなどの馬が報酬として喜ぶものを与えることを止めます。これが負の罰であり、行動の消去です。その後、静かにするなどの望ましい行動に対して褒美を与え、新たな正の強化を行います。

習癖が長く続いている場合には、それを変えるためにかなり多くの時間と労力が必要となるかもしれません。最初のうちはお菓子を貰えずにいじけた子供のように、馬はより大きな声で叫んだり、前掻きをしたり、馬房のドアを打ち付けて音を立てて騒ぐかもしれません。しかしそのような行動に何も意味がないと分かれば、すぐに馬は他の行動をし始めます。その中で馬が静かにしようとしたときがまさに、消去が作用し始めるときで、正の強化を使える瞬間です。馬が大人しくしたときにエサを与えます。このようなことはあなたの馬の調教への関与の深さを測るバロメーターにもなるでしょう。

もう一つの例は、暴れる馬を拘束し動きの自由を奪う場合です。そのような馬は負の強化を通して攻撃的な行動を繰り返すことを学習してしまっています。つまり馬は暴れたり、人間を力で圧倒したり、道具や設備を壊したりすることで、制限などの好ましくないものを取り除くような癖が身に付いてしまっているのです。一度その方法で自由を手に入れられれば、馬は自由を手に入れるために何が必要なのかを学習し、ただ自由になることだけを考えて繰り返し暴れるようになってしまいます。そして、馬が自由を手に入れるたびに、馬の行動は強化され続けてしまいます。

蹄を手入れしようとした人から肢を遠ざけたり、無口や引き手や馬繋柱を引っ張って壊したり、道具を使えなくしたりするような、攻撃的な行動には様々な種類があります。習癖がとても根深いものでなければ、攻撃的な行動を消去することは可能です。しかし、もし馬が繋がれることを嫌い、大量の引き手や無口を壊す場合には、その行動を消去する前に、馬がより大きな被害を設備に与えたり、馬自身が大きな怪我を負ったりしてしまう可能性もあります。

叫ぶ馬に対して屈し、エサを与えるようなことをしてはいけない。もしエサを与えれば、馬はより大きな声でもっと叫ぶようになってしまう。

ウォークダウン メソッド

馬を捕まえるためにこの方法を教えるには、まずは小さな囲いから始め、徐々に大きな囲いで行うようにする。常に馬の肩に向かって歩き、決して後躯や頭に向かって近づいてはいけない。また、歩く速度よりも速くなってはいけない。馬が止まったらキ甲のあたりを撫で、まずは後退させる。そして最後に馬に無口をかける。

事例研究：引っ張る行動の矯正と予防

ここでは、繋がれた状態で無口を引っ張る癖はあるものの、壊して逃げたことが数回しかない馬から、この癖を消去する方法を紹介します。実際に癖の消去に取りかかる前に、まずは準備として馬に多面的に働きかけます。

準備

まず無口で馬の項にわずかに圧力を加えたとき、それに従って頭を下げる、または頭を下げて前進する、などができることを確認して下さい。常歩や停止や後退を織り交ぜた素早い歩様の変化を伴うグランドワークを行うことで、馬が圧迫に対してどのように反応するかを試せます。より詳しく見極めるためには、経験豊富なポニーに先導させ、馬を様々な歩様で試せます。モービルの蝶（一本の糸に模造の蝶がいくつも繋がっている飾り）のように、馬がポニーについて運動すれば、抵抗して引っ張り返す行動を消去するための次の段階に進めます。

手順

繋がれた状態での攻撃的な行動を抑制するためには、馬に自由を与えてはいけません。一般的には、丈夫で高さのある杭や柱に丈夫な紐の無口をしっかりと引き手で結びつけ、馬があきらめるまで引っ張らせる方法をとります。ただ、この方法は上手くいったとしても危険性を含むため、ここではもう一つの方法を紹介します。

写真のように、空気を抜いたタイヤチューブやリング状の部品を馬の頭より高い位置に固定し、7.5mほどのロープを通します。ロープの一方を無口につなぎ、もう一方をあなたが持ちます。馬はロープを引っ張ればある程度の余裕を得られますが、あなたがロープを引くことで馬を元の位置に戻せます。馬は引っ張っても自由になれず、少し動くことぐらいしかできないため、馬には拘束されている感覚が与えられ続けます。

引っ張る、後ろ肢で立ち上がる、よじ登る、倒れる、などの望ましくない行動は、改善する前に一旦悪化する傾向があります。そのため、悪化したからといってすぐに中止してはいけません。一時的な悪化は馬が屈服し、悪癖をやめたり、静かに立つなどの他の行動をとろうとしたりする際にしばしば見られる兆候です。馬が静かに立ち止まったときには、愛撫したり休憩を与えたり、歩かせたり解放したりすることで、馬に報酬を与えるべきです。

注意：頑固に引っ張る馬に対する作業は危険で、消去が不可能で、改善も一時的なケースもあります。そのような場合には、経験の豊かなトレーナーに任せるのが最良の選択となります。そのためにも、そのような状況になる前に予防を行っていくことが重要です。そうすれば解決もより簡単になります。

シャーロックが繋がれている7.5mのロープはゴムチューブに通されており、私はロープのもう一方の端を持っている。馬が引っ張ったときに私はわずかに譲るが、すぐにまた引っ張り戻す。

シャーロックはしっかりとゴムチューブに結ばれており、そこから自由になろうと様々なことを試す。項への圧迫に対して前に踏み出すことで、圧迫に従うようになる。

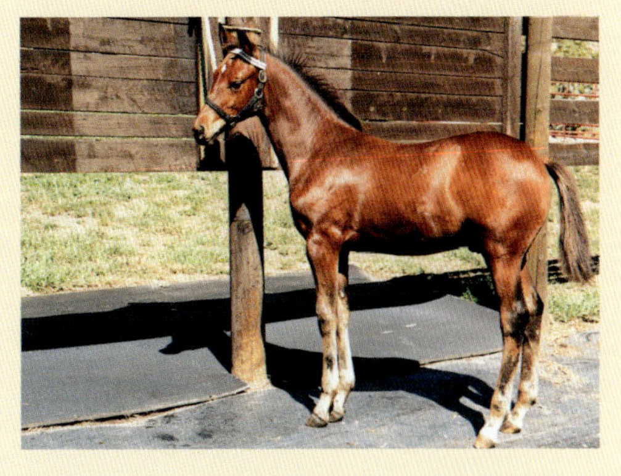

やがてシャーロックは逃げる方法がなく、つながれたまま立っていることが唯一可能であり、楽な方法であることを学習する。

学習の反復

学習のために同じ行動を繰り返すことは、馬にとってもトレーナーにとっても、ある程度は適切で必要なことです。しかし、私たちが馬に繰り返し学習をさせるとき、しばしばそれが過度になってしまうことがあります。確かに、馬は一貫性のある扱いを好み、その一貫性には同じ行動の繰り返しが含まれます。ただ、ある考え方を学習し、少しでも正しい反応を返した馬にとって問題となるのは、その上に積み上げていくものと、その後の適度な復習です。

変化は人生のスパイスで、馬の調教においても変化は良いことです。変化を与えることで馬は十分に成熟した、より自信に満ちたパートナーに育ちます。馬が人間の指示を予想したり、ロボットのようにただ反応したりするだけになることを防げます。そのため馬に学習させる際には一貫性の中にわずかな変化を伴わせるのが良いでしょう。

私の経験では馬は新たな概念を教わり、正しい行動を試みることを褒められ、そして理解するための時間を十分に与えられたときに最も良く学習します。

刺激に変化をつけながらサッシーとグランド・タイをくりかえすことで、その馬はグランド・タイを習得する。堅実さや信頼が芽生え、自信を身につけるようになる。
グランド・タイ：人が引き手を離しても馬がその場でじっとしていることを教えるトレーニング

もし馬が、数回の試みや数分間のうちに理解しない場合は、取り組みに変化が必要か、馬かトレーナーに休憩が必要かのいずれかでしょう。あなたが間違った反応をし続けながら、馬に何かを繰り返させ続けることは単純に意味がありません。

ここでは、学習にて繰り返すことについて、何が適切かを述べます。1回のトレーニングの中で同じ課題に3、4回繰り返し取り組み、そのトレーニングを週に5回行うと考えます。調馬索でも乗馬でも構いませんが、あなたが馬に後退を取り組ませるならば、1回目は馬に後退を理解させることになります。そのとき、あなたは馬が概念をつかみ始めるまで、数分間働きかけ続ける必要があるかもしれません。それから一旦後退の訓練から離れて、何か他のことに取り組み、トレーニングを終えるまでに数回後退の課題に戻って取り組みます。その後もトレーニング毎に、1回のトレーニングの中で3、4回、それぞれ1分ほど後退の練習に取り組みます。そうすれば1週間後には馬は正しい姿勢を保ったまままっすぐと後退できるようになるでしょう。

次に不適切な例を紹介しますが、これは同じ課題を続けて何十回、何百回とくり返すことです。もしあなたが後退を馬に身につけさせる際にこのようなことを行えば、馬は後退を嫌うようになり、不機嫌になって反抗し、あなたがどんなに後退させようとしても動かなくなってしまうでしょう。馬の期待を失わせないためにも、人間の指示に従う必要を感じなくなるようにしてはいけません。いつ取り組みを終えるか判断することがコツで、そのためにも馬の様子を感じ取り、公正に接する必要があります。

★ ★ ★

シェーピングとは、運動の進歩の段階を示す用語であり、望ましい行動への継続的な上達を意味する。

★ ★ ★

学習の向上

馬があなたの扶助の意味を理解し始めたら、そこから徐々に姿勢の改善を要求し始められます。これはトレーニングの中で、技能の向上の段階にあてはまります。

小さな仔馬に初めて引き馬を教え、停止することを求めるときを考えてみましょう。要求を仔馬に分かり易く示すために、馬の前に踏み出したり、無口の鼻革に引き手を当てたり、「ホーラ」と声をかけたり、ロープを馬の胸の位置に当てて押したりできます。最終的な目標はあなたがボディランゲージによる合図を止めるだけで、ロープが緩んだ状態でも仔馬があなたと揃って停止することです。しかし、この段階に到達するまでには、一連のレッスンを何度も行う必要があります。仔馬が最終的な目標へと近づくたびに、圧迫を緩めたり扶助を使う頻度を低くし、仔馬に報酬を与えるべきです。

もう一つの例は、2歳馬に初めて調馬索で駈歩を教える際、仔馬に跳ねたり引っ張ったりさせずに駈歩へと導くことです。最終的な目標は適切なバランスとリズムと気勢を保ったままで、馬が常歩から正しい手前の駈歩を直接出せるようになることです。発展的な目標に到達するのには時間がかかり、移行の際に速歩が入ったり、誤った手前で発進したり、歩調が整わなかったり、突っ走ったり、頭を上下に振ったり、背中を反らせたりする様子を、あなたは繰り返し目にするでしょう。しかし馬が進歩を見せるごとに、あなたは馬を励ます必要があります。

効率の良い教え方を検討し、馬の努力を褒めることが重要です。目標に向かって馬をあまり急かさず、しかし同じことに長くこだわらないことです。あなたがこれらの原則を忘れない限り、あなたは馬の技能を大きく向上させられるでしょう。

ジッパーのシェーピング・プログラム

- ★ ゆったりとした駈歩
- ★ ゆったりとした駈歩の継続
- ★ 線でのゆったりとした駈歩
- ★ 正しい手前でのゆったりとした駈歩
- ★ バランスを保った状態でのゆったりとした駈歩
- ★ 収縮した状態でのゆったりとした駈歩
- ★ 速歩からのゆったりとした駈歩
- ★ 常歩からのゆったりとした駈歩
- ★ 停止からのゆったりとした駈歩
- ★ どこでもゆったりとした駈歩

効率の良い教え方

仔馬の引き馬の例では、仔馬が止まろうとしたときに「ホーラ」と声をかけ、音声と動きを結びつけて学習させます。誰かに仔馬の隣で母馬を引くことを手伝ってもらい、引き馬中の母馬を止めたときに仔馬にも停止を求めることでも学習させら

シャーロックの引き馬のその進展

仔馬に対して引き馬を教えるとき、最初は母馬の後ろで仔馬を引くことで上手くいく。仔馬が慣れてきたら、母馬を近くに繋ぎ、仔馬の臀部にロープを当てながら、前進するように誘導する。やがてはロープを当てること無しに、母馬がいなくとも仔馬を引き馬で運動させることができるようになる。

れるでしょう。仔馬を母馬から引き離して停止させるのはもっと難しく、仔馬は騒がしく後ろ肢で立ち上がるかもしれません。

２歳馬に駈歩を教えるときには、馬が疲れてから取り組むよりも、馬が望んで活発に運動するときの方がより成功しやすいでしょう。

望ましい行動への前向きな取り組みを褒めること

立ち止まったときにあなたが引き手の圧迫を弱めれば、それは仔馬にとって行動を強化することになります。仔馬を母馬のそばで止まらせることも仔馬にとっては報酬です。たとえ仔馬が止まらずに減速しただけであっても馬が正しい概念を掴みかけていることを教えるために、愛撫をしながら「よしよし」と声をかけましょう。仔馬はすぐに優しく触れられることや褒め言葉をかけられることを報酬として理解するでしょう。

あなたが2歳馬に駈歩を求めるとき、急に襲歩を始めることもあるでしょうが、馬が上方移行に取り組んだことを冷静に褒めるべきです。若い馬ならば反対手前であっても、少なくとも駈歩発進をしたことに対してまず褒め、それから正しい動きを教えるべきです。一度にたくさんのことに取り組もうとすれば馬は混乱するかもしれませんが、あなたが慎重に適切な指示を与えたならば、すぐに馬はリラックスして正しい反応を返すでしょう。

急いではいけない

わずか数回のレッスンで完璧な状態を目指そうとすれば、たとえそれが達成できたとしても、レッスンの中で身につけるべき課題や、その課題同士の繋がりなどの貴重な収穫を逃すことになるかもしれません。計画的なトレーニングの長所は、あなたが何か問題に気づいたときにいつでも戻って復習に取り組めることです。あなたが途中のBやCの段階を飛ばしてAからDへと進んだとき、あなたが振り返ったり修正に取りかかったりするための手がかりはより少なくなってしまいます。

あなたは、仔馬が教えずとも静かに立ち止まるれると決めつけて、とても雑にトレーニングを終わらせようとするかもしれません。しかし、それは仔馬にとって学習というより、むしろ全く別の恐怖や身体的な苦痛に他なりません。もしあなたが仔馬を捕まえられたとしても、次の学習段階の中でこのトレーニングは役に立たないでしょう。

たった1回のレッスンで手前とバランスとリズムの整った駈歩を期待して、あなたが2歳馬に対して追い回すようなレッスンをしたとしましょう。とても寛容な馬なら見事それを達成できるかもしれません。しかし、ほとんどの馬はとても疲れ、あなたの努力は良い結果よりもむしろ危険な結果を生じさせてしまいます。急がずに着実に進むほど目標に早く到達でき、その成果も長続きすることを忘れないでください。

こだわりすぎてはいけない

必要以上に時間をかけて成功したとき、あなたは自分の努力に対して大いに達成感を得るかもしれませんが、それは次へと繋がるレッスンではありません。その上そのような方法をとることで、やがてトレーニングを進めることがより難しくなってしまうでしょう。馬は習慣的な生き物なため、繰り返し同じトレーニングをさせることには気をつける必要があります。レッスンを漸進的に進展させ続ける方が、馬は最も効率的に学習し、最も多くの満足感を得られるでしょう。

あなたが仔馬に引き馬を教える際、母馬を仔馬の隣で一緒に引くことを4ヶ月続けたならば、2ヶ月目から母馬と別に歩く練習を始めた場合より、一人で運動させる自信を持たせることは難しくなります。

調馬索で2歳馬に駈歩の練習を行う場合も、常歩から駈歩への移行の際に1、2歩の速歩が入ることを3ヶ月も許し続けていたら、その癖を消すことはとても難しくなってしまい、むしろ未調教の状態から2ヶ月で調教を行うよりも困難になるでしょう。

サイドレーンなどのトレーニング補助具の使用は、経験的にも科学的にも有用であるが、ときに重要な途中の過程を簡略化したり、迂回したりするための道具として使われてしまうことがある。

第10章 トレーニング

本書のここまでの内容で、馬の身体や精神の発達については十分に理解し、馬の学習の原則についても理解を深めていることでしょう。一般的なトレーニングの指針に必要な知識についてはすでに十分にお伝えしました。これまで私は馬と人間が違う生き物ということを強調してきました。ただここからは基本的な原則を押さえながらも、馬が人間のように話せた場合に馬が私たちに伝えてきそうな、馬の視点から見たトレーニングルールを考えていきましょう。

続いて、目標の設定について述べ、トレーニングの段階や馬と一緒に取り組むことのできる様々な訓練についても言及していきます。最後に、馬の本能や行動を考慮した典型的なトレーニングへの指針を説明しましょう。この章で述べる内容を実践に移せれば、必要な準備は十分に整うはずです。

馬の視点から見た12のトレーニングルール

もし馬と会話できたら、そして馬にどのように扱われることを望むかと尋ねたら、馬はおそらく次のように答えるでしょう。

1 無理は禁物

ベンドを求めても、私に無理強いはしないでください。私が習得できるわかりやすいレッスンで、ひとつずつ積み上げていってください。変化を強制するのではなく、私が変化できるように導いてください。あなたが落ち着いて忍耐強くいてくれれば、きっと私の努力に驚かされるでしょう。

2 分かり易く

あなたの要求を私が理解し、それが私に可能ならば、もちろんその要求に応じます。もし私があなたの要求を理解していなくても、私を罰したりしないで他の方法で私に要求し直してください。可能な限り私はあなたに協力するつもりです。

3 私を馬として扱ってほしい

私は馬で、そのことに誇りを持っています。私たちが良き友になることはできても、私が人になることはできないし、子犬のようにあなたと触れ合うこともできないのです。

4 柔軟で融通が利くこと

あなたが設定した目標まで進めたい気持ちも分かるけれど、私の集中力が切れていたり、頭の中が混乱していたりすることに気がついたときには、私に理解を示してください。すでに学習した単純な作業を復習することで、自信を取り戻す必要もあるのです。

5 集中・注目

私があなたと一緒に運動に取り組むとき、いつもあなたが私に対して集中を求めるように、私もあなたが集中して取り組んでくれることを期待しています。携帯電話の電源を切って、契約書や子供とのトラブル、先日の健康診断の結果を一旦忘れてください。せっかく一緒にいるのだから、ね?

6 上手に進めるための準備をすること

私が放し飼いの犬や近くに置いてある芝刈り機を怖がるのをあなたは知っているのだから、そんな時は何かを要求する前に、まず私がそれらの恐怖を克服するのを手伝ってください。いつかはどんなときでもあなたの要求に応えられるようになりたいけれど、私にはまだ克服するべき不安がたくさんあるのです。でも、あなたの助けを借りれば私にはそれが可能です。

7 一貫性を保つこと

あなたが初めて私に何かを要求するとき、たとえば耳を検査するために頭を下げることを要求するとき、もしあなたが毎度同じ方法で要求すれば、私は意味を理解して問題もないでしょう。しかし、もしあなたが少し検査した後に、その検査を友人に引き継いで、その人が全く違う要求の仕方をしたら、私は驚くでしょうし、そのことに彼は怒るかもしれません。すると私には要求を理解するのが困難になってしまいます。もし私が理解を示すまで、あなたが一貫性を持って接してくれれば、あなたが変化を加えることや他のことを追加してもそれを理解できます。十分な時間をとってくれれば、あなたは私が色々学習できることに驚くでしょう。もし私が要求を理解するのにつまずいたときには、最初に学習した方法に戻ってください。きっとそれはいつまでも変わることのない、私に合った方法だからです。

8 私のやり方で絆を結ぶこと

私は額や頸を撫でられることが好きだし、それは私をリラックスさせ、満足させる方法です。でも私が好むだろうと決めつけて、鼻先や脇腹やおなかをくすぐったり、強く叩いたりしないでください。しっかりと円を描くようにこするだけで、私とあなたは永遠の相棒になれるのだから。

9 焦ったり急いだりしないこと

あなたが急いでいて、私の周りで忙しく動き回ると、あなたの不安や心拍数の高まりを感じてしまいます。もちろん私も神経質になったり興奮したりしてしまうことはあります。あなたが手順を飛ばしたり、新しいことを要求した際には、私は迷ったり、単純な作業すら思い出せなくなったりするときがあります。私はあなたに落ち着いて動いてほしいし、あなたが何をしているのか教えてほしいし、一緒に理解するための時間をなるべく多くとってほしいのです。

10 楽観的であること

私に向かって歩いて来るとき、あなたがポジティブな期待を抱いているのか、そうでないのかを感じ取られます。もしあなたが笑顔を見せてくれたのなら、私はあなたと一緒に取り組むことを楽しみにし、期待します。あなたが何か急いでいたり不安を抱えていたりするような日には、私はそれに気がついて、自衛の態度をとるかもしれません。そして可能ならば、私は争うよりも逃げることを好みます。あなたが幸せでいてくれたとき、私も幸せでいられるのです。

11 公正で現実的な要求であること

あなたが私を理解してくれることに本当に感謝しています。それは私に身体的に無理なことを要求しないからです。それに私に重すぎるものを支えたり引いたりすることを決して求めないし、通れないような沼地を渡ることや、危険で急な崖を下ることを要求することも決してありません。あなたが私を公正に扱い、要求が適切な限り、私は決してそれを拒否するようなことはないでしょう。

12 客観的であること

一緒に何かに取り組むとき、あなたの解釈ではなく、あなたが見たものを伝えてほしい。腹帯が後ろ肢に当たって私が肢を上げたときも、私を驚かせたことに気がついてほしい。私はその場所が見えないので、肢への攻撃に対して反射的に蹴ってしまいます。もちろん肢に何かが当たったことを考える時間が私にあれば、それが危険ではないことに気づき、肢を上げることもなくなるけど、それでも最初のうちは反応ぐらいはしてしまうかもしれません。あなたがそこで「おい、お前ってやつは、私を蹴ろうとしただろう！」と私に対して怒れば、二人の間には問題が生じてしまうでしょう。あなたが私のことを知れば、なぜ私がそのような事をするのか理解できるでしょうし、私が必要な反射的な反応をすることも許してくれるでしょう。あなたは私が不安を克服する手助けができるのです。

トレーニングの哲学

あなたが私と同じような考え方や見方を持てば、あなたと馬は互いに頼れるパートナーとなれるでしょう。あなたは作業に取り組む際に安全を望むでしょうし、十分にコミュニケーションがとれる状態を好み、取り組む作業に対しても楽しみを得たいでしょう。私はこれまでに著した本の中でもトレーニングについては幅広く述べています（「推薦図書」178ページ参照）。

馬と人間が共に満足できるパートナーシップ

トレーニングの原理について触れる前に、ここでその全体像について述べたいと思います。これは私がごく初期に出版した本の中からの引用です。

「トレーニング用の馬場の中であなたが馬と向き合ったとき、互いに争うことを望んではいないでしょう。そして、あなたも馬も恐怖を感じたり傷つけられたりすることを望んでいないはずです。基本的に両者が一緒に上手くいくことを望んでいるのです。あなたの目標が長期的なパートナーシップなら、まずは互いを理解し、かつ効果的なコミュニケーションを作り上げなければなりません。そのためにも、あなたたちは互いを良く観察し、注意深く耳を傾け、正直に反応すべきです。あなたはルールを作り、それを守る必要があります。ただ、パートナーシップを成功に導くためには、そのルールは馬の本能や才能に基づいたものであるべきでしょう。

人間が満足するために、馬が我慢を強いられる必要はありません。馬の良くない部分を否定して打ち砕くことは無意味で、むしろ馬に必要なことを理解させるべきです。目的は「作る」ことであり、「壊す」ことではないのです。

一般的に馬は生まれつき友好的で、人間との関係を深めることを好みます。だからあなたは馬を敵として見なすような間違いをしてはいけません。

私はあなたが様々な課題に一緒に取り組める良い馬を見つけ、楽しみながらその経験に時間を費やすことを願っています。やはり、これが最初に私たちを馬の魅力へと引き寄せる理由なのでしょう。」

— From Making Not Breaking by Cherry Hill
(Breakthrough Publications, 1992)

トレーニングの目的

目的を持ってトレーニングに臨むのは良いことですが、その馬ごと、その日ごとの状況に適応できるような柔軟性を持って取り組む必要があります。あなたが馬の生まれつきの行動、傾向、身体能力に基づいてトレーニングプログラムをデザインすれば成功への大きな一歩となるでしょう。

★ ★ ★

トレーニングは、馬が生まれつき持っている好奇心や学習への意欲を保ちながら、人間に対する不安を、信頼や尊敬に置き換える作業でもある。

★ ★ ★

効果的なトレーニングプログラムのデザイン

トレーニングプログラムは、あなたが馬の年齢や気性や調教段階に合わせて組み立てた一連のトレーニングです。このトレーニングプログラムが入念に組み立てられたものならば、馬にとって適切なトレーニングを行えるとともに、あなたが主観的、客観的に様々な目的を達成するのに役立つでしょう。何分、何時間、何日という範囲で考えるよりも、何週間、何ヶ月、何年にも及ぶトレーニングプログラムを馬のために考えるべきです。

主観的な目標は科学的に測れないもので、そこには馬の意欲や協調性、人間に対する信頼や尊敬が含まれます。これらは客観的な目標を達成するための基礎となる目標です。

客観的な目標は、一般的にパフォーマンスを行うことで明らかになり、乗馬や下馬の際に馬が静かに立ち止まり続けることや、正しい手前で駈歩を発進すること、高さ１mの障害を落とさないことであったりします。馬が客観的な目標を達成できているかどうかは簡単に見分けられます。当然ながら、客観的な目標の達成には姿勢の問題やパフォーマンスの質が大きく関わってきます。その上、馬のパフォーマンスの質の向上は、あなたがトレーナーとして人生をかけ

ジンガーは献身的で協調性があり、私たちを信用し、私たちにとっても信用でき、互いに尊敬できる存在である。

目標の設定

頭の中でまとめても、メモに書いても構いませんが、明確な目標を持つほど、達成への道のりはより簡単になります。競技の種類や馬との関わり方にかかわらず、基本的な目標は共通しており、それらをほぼ同じ順番で達成していくことになるでしょう。ひょっとしたら、あなたが立てた目標は次のようになっているかもしれません。

基礎的な乗馬のための目標

- □ 静かに立たせた状態で馬に乗る
- □ 常歩
- □ 停止
- □ 左右への旋回
- □ 下馬
- □ 速歩（常歩から速歩、速歩から常歩）
- □ 隅角や大きな円の通過
- □ 左右への前肢旋回
- □ 他の馬と一緒の乗馬
- □ 輪乗りを外れた乗馬
- □ 蛇乗り、半巻き
- □ 両手前での駈歩（速歩から駈歩、駈歩から速歩）
- □ 四肢の揃った停止
- □ 後退
- □ ターンオンザホンチズ（後肢旋回）
- □ ゲートや小障害などの障害物の克服

て取り組む目標となるでしょう。ただしパフォーマンスを追求するあまり、主観的な目標をないがしろにしてはいけません。馬のあなたに対する信用や、より高いパフォーマンスを目指す姿勢を無駄にするようなことはしてはならないのです。

トレーニングの段階

あなたが馬に対してどのようなトレーニングプログラムを組み立てるかは、馬の体格や年齢、調教歴や体調、競技会などに向けた目標やスケジュールに影響されます。しかし、カジュアルなものにせよフォーマルなものにせよ、全てのトレーニングプログラムが馴致、技能の学習、姿勢の改善の３つの段階を経ます。

第一段階　馴致（じゅんち）

調教の初期において馬をトレーニング手順や馬具に慣れさせる必要があります。この中には全身を触られたり撫でられたりすることに慣れ、背中に鞍を乗せられて腹帯を締められる際の感覚や、口の中の銜の感覚を受け入れること、人が背中に乗ることを理解し、運動中に汗をかいてもこすったり砂浴びをしたりせずに我慢できるようになり、日々のトレーニングに従えるようになることが含まれます。あなたは馬が集中力を向上させるのを助け、より長時間にわたって注意力を保てるようにする必要があります。

トレーニングプログラムの初期の目標はこれであり、とても重要な課題です。次の段階に移る前に馬はリラックスし、快適に感じながらこれらのルーティンをこなせるようになる必要があります。

第一段階には馬装のような基礎的なルーティンも含まれる。

第二段階　技能の学習

馬が基本的な騎乗や推進に対してもリラックスするようになれば、発展的な技能を教え始めます。グランドワークでも騎乗しての調教でも、あなたの扶助を嫌がらずに正しく反応するように育成する必要があります。

技能の学習において客観的な目標は様々です。グランドワークではあなたのボディランゲージや調馬索の際の追い鞭の指示を、騎乗しての調教では脚からの圧迫に反応して前進することを学習する必要があるでしょう。グランドワークにおける最も簡単な課題は、停止からの常歩発進ですが、上方移行にはさらに、常歩から速歩、速歩から駈歩などの異なる歩様の間での移行と、同じ歩様の中での歩度の伸展（伸長常歩、伸長速歩など）が含まれます。

あなたの馬は停止や下方移行も身につける必要があります。常歩からの停止の他にも、速歩から常歩などの歩様の異なる下方移行や同じ歩様の中での収縮（収縮駈歩など）ができるように、あなたは地上から適切なボディランゲージを送ったり、鞍の上から効果的な扶助を使ったりできるようになる必要があります。

もう一つの基本的なレッスンは、馬にプレッシャーから遠ざかることを覚えさせます。すなわち前肢や後肢、全身をあなたの手綱や脚の扶助のプレッシャーから遠ざけるように教える必要があります。このレッスンは様々な訓練を必要とし、蹄洗場に繋がれた状態で横に移動することや前肢旋回や側方運動もこれに含まれます。

この段階で、馬は何をすべきか、すべきでないかを学習します。あなたの目標や馬の調教レベルに応じて、馬は様々なことを学習します。まず馬は基本的な技能を一通り覚え、それから異なる指示に対しての似た扶助を区別する方法を学習していきます。

第二段階には横運動のような発展的な運動が含まれる。

第三段階　姿勢の改善

馬が基本的な技能を学習した後、次の課題は馬の姿勢を改善するのを手助けすることです。姿勢の改善では、馬がよりスムーズでバランスのとれた収縮状態で運動ができるように、トレーニング内容を調整する必要があります。馬はまず何をすべきか理解し、次にそれに対するより良い方法を学習していきます。第二段階と第三段階は切り離されたものではなく、常に技能の復習とパフォーマンス向上の課題の間を行ったり来たりします。馬はおそらく次に何に取り組むべきかをあなたに教えてくれるでしょう。

運動内容にかかわらず、心の中に主観的な目標を持ち続けることは重要です。それらは前進気勢やリズム、サプルネス（柔軟性）やリラックス、コンタクト、馬体の真直性やバランス、運動の正確さとして評価できるでしょう。

第三段階では収縮駈歩のように、運動の姿勢や質の改善に焦点が当てられる。

全体的な目標：基礎

あなたが馬に新たな歩様や運動課目を取り組ませるときには、新たな運動を身につけることに集中するあまり、次に示すような基礎となる重要な目標をないがしろにしないように注意する必要があります。
取り組みの中で、自分自身に尋ねてみて下さい。

□ 馬は直線上で伸展しながら、リラックスしたまま、緊張せずに柔軟であり続けているか？
□ 馬はどの歩様でも一定のリズムを保っているか？（この段階ではリズムが速すぎたり遅すぎたりするかもしれないが、少なくとも一定のリズムを保つ必要がある。）
□ 馬は頭絡を介した拳からのコンタクトを受け入れ、左右の脚に対して馬体は従順に反応しているか？
□ 元気良く後躯から前進することを求めたときに、馬は正しく反応しているか？
□ 馬は直線上でまっすぐ歩いているか？
□ 前肢ではなくわずかに後躯に重心をかけて収縮運動が可能な状態であるか？

身体的発達

あなたが馬を運動させるとき、定期的に馬の体格を評価することが必要です。馬が運動したり調教されたりするとき、特定の筋肉群を他の部分よりも使うことになります。これを繰り返すと、特に使う筋肉群が優位に発達し、馬の外形に対して長期的に大きな影響を与えます。あなたが馬と取り組む作業が馬の発達に適したものであれば、馬は鍛え上げられた魅力的な肉体に発達するでしょう。もし取り組む作業が適したものでなければ、馬の外形はアンバランスに発達し、馬体のある部分は分厚く膨らみ、別のある場所は痩せてしまうでしょう。

姿勢の改善

初期において、ほとんどの馬が次のうちのどちらかの姿勢をとります。一つは、背中側のトップラインが腹側のボトムラインよりも短い馬です。背中を反って頭を上げ、鼻を垂直より前方に45度ほど突き出すことで、臀部はキ甲よりも高くなり、後肢を引きずるように歩くという特徴が見られます。もう一つは、トップラインもボトムラインも長い馬です。馬体は比較的平坦になっているため、背中はリラックスして頸を低く下げていても、鼻を45度に突き出して前肢に体重が乗ってしまっています。どちらの場合でも、徐々に姿勢を改善することで、頸や背や臀部を強く丸くできます。より体重が後躯に乗るようにすることで、後肢の筋力や踏み込みは強化されるでしょう。

あなたの馬が前者のような姿勢の場合は、軽速歩など馬が背中を伸ばしてリラックスできる運動が有用です。一方後者の場合

体格の発達の目標

次に示すのは馬の体格の発達における目標です。馬と一緒に運動に取り組む際には是非とも心に留めておいてください。

あなたの馬は、

★ 平坦または反っていた背中のラインが、丸みを持った形に変化する。
★ 左右均等に動きのしなやかさと力強さが発達する。
★ 体重がかかる割合が徐々に前肢から後躯へと移る。
★ 運動の姿勢が大きくはっきりとした動きになる。
★ 歩様の質が改善される。

特徴的な姿勢

頭を高く上げ、背中を反らせてしまった状態

トップラインが平坦で、頭を低く下げている状態

目標となる、バランスのとれた状態

は、馬体が温まって十分にほぐれるように、軽めの運動だけを長時間行い、それから徐々に馬の前躯を持ち上げ、体重を後方へ移すことを教えます。停止、常歩、速歩の間での上方移行や下方移行は、後肢を馬体の下に踏み込ませ、前側をわずかに持ち上げさせるのに適した基本的な運動です。より多くの体重を後躯で支えるように馬を訓練するにはかなりの時間が必要となるでしょう。動き全体に改善が見られるようになるまでには、数ヶ月やそれ以上の時間がかかるかもしれません。

しかし数ヶ月間のグランドワークや騎乗で姿勢が修正されるにつれ、馬には僅かながら背中や頸の丸み、後躯の沈下の兆候が見られるようになります。この段階で見た目に最も大きく表れる変化の一つは、馬が鼻を垂直から30度ほど前に突き出し、快適にしっかりと頭を支えるようになることです。馬は後肢をより馬体の下に踏み込むようになります。このような姿勢を保って運動することで、次の1年間のトレーニングは非常に成果のあるものになります。その1年間の間に馬はセルフキャリッジの兆しを見せるでしょう。

さらなる馬の姿勢の向上には、小さな課題を段階的に達成していく必要があります。まずはわずかにエンゲージメント（後ろから前への踏み込み）を高めた姿勢で短い間運動させ、それから馬がすでに到達しているレベルのセルフキャリッジを復習させたり、手綱を緩めて休憩を与えたりします。

数歩の間、馬に踏み込みを求めて乗り、それから馬をリラックスさせる。そして今度は少し長い間、馬に踏み込みを求めて馬体を起こさせる。馬にとっての後天的な習慣になり、馬がセルフキャリッジを発展させ始めるようになるまで、徐々に馬を収縮した姿勢で乗る時間を増やしていく。

トレーニングの内容

馬を扱うとき、あなたは常に演出家となります。つまり、あなたは馬をより質の高い発展した運動へと導けるようにトレーニングを構成すべきということです。慎重にトレーニングを計画し実行することで、馬の基礎となる部分を固められれば、馬自身があらゆる能力を開花させる手助けをできるでしょう。

運動の種類

前進運動か基礎調教か、横運動か収縮運動かというように、馬の年齢や調教レベルに最も適した運動の種類を選ぶことが必要となります。馬は徐々にあなたに対して取り組むべき課題を教えてくれるでしょう。それは、いつ復習を必要とするとか、いつ次の段階に移るかといったことです。あなたが馬を十分に理解し、その馬に合わせたトレーニングプログラムを用意すれば、馬はとても大きな進展を遂げます。しかし、丸い穴に四角い釘を打つように適切でないトレーニングを行おうとすれば、もちろんそれは困難な作業になってしまうでしょう。あなたはこの適切なトレーニン

★ ★ ★

セルフキャリッジとは、騎手からの扶助や指示に頼らず、馬自身によって維持され、高められる、バランスのとれた収縮姿勢と闊達（かったつ）な動きを意味する。

★ ★ ★

グ内容の選択とともにバランスのとれた運動をさせるということも忘れてはなりません。

基礎

馬は日々進歩するトレーニングの内容も積極的に取り組みます。馬にとって理解できる単純な内容から始め、馬が知的に習得でき、身体的にも十分に取り組める内容ならば、馬の自信や興味を高められます。それから次の段階の課題を加えていき、あなたと馬はあらゆる技能を一緒に披露することが自然に可能になっていきます。これが基礎からトレーニングを始めるということです。

基礎とは、他のあらゆるレッスンの土台となるものです。

1. 恐れないこと
2. 相互に尊敬を示すこと
3. 注意を払うこと
4. 動くこと
5. 止まること
6. 従うこと

基礎を教えているときには、小さな問題が修正できないほど大きく発展しないように注意する必要があります。

たとえば馬に頭絡を着けようとしたときに馬が頭を上げようとすることに気がついたなら、あなたはまず馬に対して、怖がったり頭を上げて避けたりする必要がないということを伝えなければなりません。もし耳や項の辺りに手が近づくことに対して馬が気にするようであれば、まずはそれに慣れさせる必要があります。銜を噛ませる段階では口や唇や歯に触られることを嫌うかもしれません。そのような場合には一旦立ち戻って、馬に慣れさせる作業に取り組むべきです。多くの場合、1週間ほどその小さな問題に気をつければ、馬の行動全体が改善され、その後、同じ問題に悩まされることはないでしょう。2週間後の装蹄に向けて1歳馬を訓練させるような、早急に取り組む必要がある場合には、確実に改善が見られるように1日に何回も訓練を行うべきでしょう。長時間で1回の訓練で終わらせるよりも、より短く頻繁に訓練を行う方が効果的で、成果も長続きします。

若い馬の訓練

もしあなたが離乳期の馬や1歳馬と一緒に作業をするならば、より頻繁に訓練を行うことが最良の方法となる。授乳期や離乳したての時期は、5分間のグルーミングから15分間の引き馬作業、最後に5分間のグルーミングという流れになるかもしれない。1歳馬は20分間の調教の中で、いくつかの引き馬作業で体を温め、基本的な調馬索や長手綱による運動を学習し、調教の終わりに5～10分のグルーミングを行うことになる。

前進運動

前進運動とは、馬の動きへの制限を最小限に抑えた活発な運動で、ほとんどの馬が生来的に好む運動です。例としては、直線上でのわずかなコンタクトを保ち、ベンドやフレクションを求めるのを最小限にとどめた活発な常歩や速歩や駈歩があります。前進運動はすべての馬のウォームアップやクールダウンに適しており、調教のごく初期の段階や特に若い馬の場合には、トレーニング全体の中でも前進運動が唯一適した運動になるかもしれません。

基礎運動

基礎運動は、前進運動にコンタクトとベンドと手前変換を加えたものです。例として様々な大きさの輪乗り、半巻き（反対半巻き）、蛇乗り、斜め手前変換での運動があります。この段階ではベンドを求める運動であっても馬体の動きは一蹄跡上で行われ、直線上でも円周上でも馬の後肢は前肢の足跡を追うことになります。つまり馬の後躯と前肢を別に動かす横運動はまだ行われません。

これらの基礎運動は、若い馬のレッスンにおいては新たな運動となるので、準備運動の最後に行うのが良く、経験のある馬には復習の時間帯に行う運動に適しています。

これはウェスタンにおけるグランドワークでの前進運動の例である。

円運動は基本的な運動の要である。

側方運動

側方運動は、調教段階が中程度に達してから取り組むべきで、側方運動を行う際の図形運動が含まれます。例としては前肢旋回や後肢旋回、レッグイールディングやサイドパス、ハーフパスなどがあります。ほとんどの場合、横運動は馬の体が温まり、十分な前進運動を行った後に取り組むことになるでしょう。

収縮運動

収縮運動は、馬の縦方向(前後)の柔軟性と後躯の力強さ、バランスの発達を目的とします。例としては、常歩と速歩、駈歩の間での移行と後退です。また、あらゆる種類の上方移行と下方移行が収縮運動に含まれます。一般に収縮運動は、中程度から発展的な調教段階に位置する馬の新たな運動に焦点を当てています。

ハーフパスでは、馬は側方と前方に向かって同時に動く。

収縮は強靱さとバランスを必要とし、その両方を発達させる。

典型的なトレーニング

あなたの馬が調教のどの段階にいるかにかかわらず、それぞれの訓練内容をどのように体系づけるかには注意を払うべきです。典型的な訓練では、グランドワークか騎乗しての調教かにかかわらず、人と馬のウォームアップ、トレーニング、クールダウンそして訓練後の手入れが一連の流れとなります。

馬の準備

あなたと馬の関係は、あなたが馬房や囲いの中で馬に向かって一歩踏み出すことから始まります。あなたが引き馬やグルーミングの際に馬を扱うとき、ボディランゲージは直接的で明確に用いるべきです。

グルーミングや馬装をするときには、あなたが安全に作業できるように馬の動く場所を確保し、快適に過ごせるように繋ぐべきでしょう。あなたが裏掘りや虫除けの使用や毛刈りなどの日常的な作業を行う際には、淡々とそれらをこなすべきです。このような訓練の間に行う一般的な人の受け入れや協力という行為は、次の訓練における馬の思考や態度に影響します。馬の素質や調教段階に応じて、グルーミングを通して馬を刺激したり、リラックスさせたりできるでしょう。

馬を捕まえて無口をかける。

ウォームアップ

馬をトレーニング場所に連れて行くとき、銜をつけた馬を引く方が、無口をつけて引くよりも難しいと分かるでしょう（右のページの囲みコラム参照）。

あなたが馬場に着いたら、馬を四肢が揃った状態でまっすぐ止め、静かに立つように指示します。そして訓練を始めるための準備をします。この時間が馬の忍耐力を高める訓練になります。

調馬索で運動をするとき、あなたが調馬索を準備したり、サングラスをかけ直したり、帽子をかぶり直したりするのに十分な時間をとること

馬にグルーミングをし、馬装する。

で、馬の忍耐力は鍛えられます。この中には、馬をリラックスさせて静かに立たせることや、馬が先回りして運動しないようにさせるためのあらゆる目的が含まれています。騎乗する場合、鐙が真っ直ぐであることを確認したり、馬の正面に立って鐙や頭絡が平行であるかを確かめたりもできるでしょう。それから腹帯を締め直し、手袋をはめて、サングラスをかけ、ヘルメットをしっかり被り、馬に乗ります。騎乗したら馬の上でも少しの間は何もせずに座っているのが良いでしょう。

あなたが停止した状態から動き始めようとしたときには、調馬索作業にせよ騎乗しての作業にせよ、あなたは馬に適切な指示を与えられます。常にこのルーティンに従うようにすれば、馬は人が乗ろうとした際に動いたり、鞍に腰を下ろした途端に動いたりする癖を身につけません。

ウォームアップは人と馬の両方にとっていくつかの目的を持ちます。その中には神経系の活動を高める準備としての目的も含まれており、より高度で多くの反応を要求される運動にて、より調和のとれた動きが可能になるでしょう。また骨格筋への血流量を上昇させ筋収縮を強化し、筋肉がダメージを受けずにしなやかに伸びることをも可能にします。

活発で歩幅の広い伸長速歩のような運動をウォームアップの最初に行うと、馬の筋肉などの繊維の断裂を引き起こしかねません。そのため速歩での運動に移る前には、少なくとも2、3分間は常歩で馬を動かすことが重要です。

ゆっくりとしたリズムで活発な前進気勢のある速歩は、ウォームアッ

馬を馬場に引いてゆく。

馬を無口で引くべきか、それとも頭絡で引くべきか

頭絡をつけた馬を引く際には、無口をつけた馬を引くのとは異なる扱い方が必要となります。無口を使った場合、引き手からの指示は無口の顎の下の鐶や結び目に伝わるので、馬に対して直接左右への旋回や後退の指示を伝えられます。つまり無口の頬革や鼻革や項革の部分から馬は圧迫を受けます。

頭絡の場合には手綱は銜につながっているため、歯槽間縁や舌や口角に圧迫が及びます。頭絡から延びる手綱を1本の引き手のように扱えば、馬の口に矛盾した合図を与えて混乱させてしまいかねません。手綱を人差し指で分けて持ち、馬に左右の回転や減速を指示できるように独立して手綱を使うべきです。

乗馬。

プの最終段階に適しています。激しく速い運動や複雑な運動は避けるべきでしょう。馬がいつリラックスしているかということや、次の段階に移る準備ができているかということは、次のような馬の様子の変化を手がかりにして知ることができます。

- 鼻を鳴らしたり、落ち着いて力強く鼻から息を吐き出したりする
- 長く深い呼吸をする
- 銜を咥え、噛んだり舐めたりする
- 頭を下げ始める
- 頭や頸を前へ伸ばす

どの馬もウォームアップを行うことで、運動が改善されます。新馬の場合には荒さを取り除き、集中力を高めることで、運動に適した精神状態へと持っていけます。怠惰な馬の場合には、ウォームアップによって馬の血行を良くし、運動に対して馬を身体的に刺激できるでしょう。一方で、馬が極度に活発な状態な場合や興奮している状態ならば、ウォームアップの中で馬を落ち着かせられます。これはつまり、馬の筋肉を動かす神経の反応がよりコントロールされるようになるということです。ただし、ウォームアップの段階で馬のすべてのエネルギーを使い切らせてはいけません。メインとなるトレーニングのためにもある程度エネルギーを温存する必要があります。

馬が鼻を鳴らす行為は、運動への準備ができていることを意味している。

理想的なトレーニング時間

馬に対するあらゆる扱いや騎乗がトレーニングとしての役割を持つことを考慮しなければなりません。

年齢	セッションの長さ	頻度
哺乳期	15分	週に5回
離乳期	30分	週に5回
1歳馬	30分から60分	週に3回から5回
2歳馬	60分	週に4回から6回
3歳馬	90分まで	週に4回から6回
4歳馬	2時間まで	週に2回から6回
5歳 - 20歳馬	1時間から6時間	週に2回から6回
21歳馬以上	30分から90分	週に4回から6回

トレーニングへの心得

馬に合ったトレーニングを組み立てるためには、パズルのピースを組み合わせていくように、馬の視点からトレーニングを考えていかなければなりません。トレーニングを複数の短い部分に分割して取り組めば、長時間のトレーニングに1回で取り組むよりも馬にとってはより魅力的で、より生産的です。1時間のトレーニングにて、ウォームアップに10分間を費やし、最後のクールダウンに10分間を取っておくとすると、実際に運動に取り組む時間としては40分が残ります。そのように考えると、60分のトレーニングは次のように進むでしょう。

- ウォームアップ(手綱を緩めた速歩):10分間
- 復習運動(何か馬が十分に知っているもの):10分間
- 休憩(馬に伸びたり、鼻を鳴らしたり、リラックスさたりする):2分間
- 新たな運動(何か馬が学習に取り組んでいるものや、あなたが一緒に取り組みたいと思うもの):15分間
- 休憩(激しい運動の後の少し長めの休憩):3分間
- 復習運動(何か馬が良く知っており本当に楽しめる運動に戻って取り組む):10分間
- クールダウン(手綱を伸ばした状態での速歩や常歩):10分間

運動への取り組み

復習

あなたがトレーニングにおいて運動の復習に取り組むとき、馬が良く理解し精神的にも身体的にも簡単な内容を選ぶべきです。馬は精神的にリラックスできることを喜ぶでしょう。馬は円運動や蛇乗り運動が穏やかな速歩でできることから自信をえられます。もちろんそれらの運動を行う間に馬の動きを不活発にさせてしまってはいけません。復習運動は横運動を含まず、活発な前進運動と直線運動で行うべきで、運動はシンプルにすべきです。

手綱を伸ばした状態で休憩を取る

休憩

休憩を取るときには、急に馬とのコンタクトを無くさないように気をつけなければいけません。突然手綱を放したり、調馬索中に突然失速させたりしてしまうと、馬は体重を前肢にかけながら運動するようになってしまいます。突然コンタクトを無くすのではなく、馬の頭を徐々に下方へと伸ばすようにしてコンタクトを弱くしていくべきです。実際には、馬が鼻を鳴らしながら馬場の中をゆったりと歩くようになるまで、ゆっくりと手綱や調馬索を譲っていくことになるでしょう。

馬が下方に頭を伸ばせば、頸の上側の筋肉が伸びますが、これはそれまでの運動が正しく行われていたということを意味します。一方で、馬が頭を上げたり頸を反らせたりしたときには、背中を痛がっていたり、それまでの運動が正しく行われておらず、筋肉がほぐれていないことを意味しています。

休憩の最後には、運動の再開に向けてふくらはぎや調馬索、ボディランゲージで馬を前へと推進し、馬が休憩前と同じ状態で運動できるようになるまで、徐々にコンタクトの強さを元に戻していきます。

新たな運動

最初の頃はトレーニングのそれぞれの運動にどれほど時間がかかるかという感覚を掴むために時計を気にするかもしれませんが、すぐに馬の様子の変化に気がつき、理解できるようになり、次の運動へ移るタイミングが分かります。新しい運動は、馬の体が温まっており調子が良く、疲れておらず、馬の集中力やエネルギーがピークを迎えている間に行うべきです。連続踏歩変換(とうほへんかん)や発展的な横運動のように、馬が学習を進めるほどに、新しい運動の難易度はより高いものとなります。

新たな運動を始めることはそれほど難しくはありません。むしろ難しいのはその運動をいつ終えるかです。やめどきを見つけることは主観的な判断でもあり、客観的な判断でもあります。あなたは毎回のレッスンにて大きな躍進を期待するかもしれませんが、それは現実的ではないでしょう。成功している間に運動を終えることが必要な場合もあります。馬があなたに対して真剣な態度で努力しているにもかかわらず、疲

多すぎるとはどれほどか？

あるものが適切か不適切かは、何を使うかよりもどのように使うかによって決まります。時間や馬具や扶助や反復のいずれについても、少ないと感じる程度で十分でしょう。

★ もし、ある程度の反復を繰り返した後でも上手くいかなければ、一旦立ち止まって考え直すべきです。

★ あなたが騎乗する際には、銜のついた頭絡でも、ボサール（メキシコ式無口頭絡）でも、銜のない頭絡でも、スペイドビット（スペイン古典馬術に使用される大勒）でも、どのような馬具でも不適切な使用が馬に精神的な苦痛や身体的な傷を与えてしまうことを覚えておくべきです。あなたの手は、銜のついた頭絡で馬を痛めつけることも、スペイドビットを繊細なコミュニケーション手段にすることも可能なのです。

★ 調馬索は、馬が楽しめる触れ合いの方法として使えますが、馬を疲れさせて気力を奪う方法としても使えます。

★ 無口やロープやチェーンや鞭などのグランドワークで用いる馬具の使用は、効果的で適切な場合もありますが、馬を怖がらせ、逆効果となってしまうこともあります。

新たな運動と呼ばれるものには障害物を使った運動も含まれ、ほとんどの馬が興味を持ち、楽しんで取り組む。

れ始めてミスをするようになったら、たとえあなたの立てた目標に到達していなくても、馬はあなたに新たな運動のやめどきを伝えています。馬がミスをし始めたときは、馬の集中力が切れているか、馬の活動のピークを過ぎているか、単純に疲れきってしまっているかのいずれかです。

一方で、あなたの馬がかなり元気であったり、気が荒かったり、頑固であったり、あなたの十分な努力にもかかわらず注意力を欠いたりするようであれば、あなたは運動を終える前に対応しなければならないかもしれません。あなたが不満ながら運動を終えるときでも、馬がどれほど混乱しているかということを考えてみる必要があります。ですから、あなたと馬の両方が満足できる終了地点を見つけることが重要です。

多くの場合、調馬索で常歩を行いながら方法や手順を頭の中で整理し、それから運動を再開することは、馬と人間の両者にとってより良いことで、それにより争いを避けられます。馬の身体状態が良く、あなたが馬の集中力の状態を理解していれば、馬により複雑な運動を要求するのに適したタイミングに気づけるでしょう。新しいレッスンを始めるのに適したタイミングの判断はとても重要で、そこには常に

パフォーマンスのピーク

それぞれの馬は精神的、身体的なピークを異なるタイミングで迎え、その継続する時間の長さも異なります。そのピークを迎えたとき、馬の身体状態は最も良く、馬の警戒心と反応性も優れています。そのため、トレーニングも順調に進むでしょう。
最初のうちは、ピークの状態は数分しか続きません。しかし、どの馬でもピークが継続する時間は馬の状態が向上するにつれて増加します。馬のパフォーマンスのピークで重要なトレーニングを行うためにも、あなたは馬のピークを知り、予想できるようになる必要があります。それは、馬に新しいパフォーマンスを求める際や馬と複雑な運動に取り組む際の最適なタイミングになります。
パフォーマンスのピークから大きく外れた馬に運動を強いることは、それまでの運動で得たものを壊してしまうリスクを伴います。常に馬と人間の両者が楽しく、注意力を保った状態で運動を終えることが望ましく、そのことで次のトレーニングを待ち遠しく感じられます。

問題に陥る可能性が存在します。あなたがレッスンを始める前に少しでも考えておくことで、課題をその場で解決するか、それとも機転を利かせてその運動を終わらせ、次回取り組むかを即座に判断できるでしょう。

休憩

新たな運動の後の休憩はそれ以前の休憩よりも少し時間を長くとりますが、同じような形式で行うべきです。馬はこの休憩をとても好むでしょう。

もし、譲った手綱に対して馬が頸を伸ばして下げて鼻を突き出し、好意的な反応を示したら、それはあなたと馬の運動が上手く行われたことを意味します。一方で馬が頭を上げて頸を反らした場合、それはあなたが馬に窮屈な姿勢をとらせていることを意味しています。馬を推進した際に筋肉が反対に伸びてしまい、筋肉の働きを妨害しているため、これは決して良い状態ではありません。あなたがトレーニングの最後の段階に取り組み始める前に、頭絡や騎座や脚を介した馬とのコンタクトを再構築します。そうすることで復習の段階も有意義なトレーニングとなるでしょう。

運動の見直し

その日の課題の成果を見直す前に、新たな運動に取り組む過程で現れた問題点に注目することで、その問題の裏側にある基本的な原則を確認できます。このとき、問題をそのままにして新たな運動に取り組めば、新たな問題を引き起こしかねません。むしろ、馬がシンプルでベーシックな課題に戻って取り組むことで、次の新しい課題が正しく行える可能性が高まるでしょう。

たとえば、左手前の駈歩で馬が曲がりにくかった場合には、修正するために左手前の駈歩を行ってはいけません。むしろ両手前の常歩や速歩で基礎運動を行い、項や喉革の部分や頸、肩や胸部そして後躯を緩める方が良いでしょう。私の知る限り、右手前の運動が左手前の運動を改善することや、その逆が起こることはしばしばあります。

馬の自信や運動への興味を保つために、トレーニングは馬が確実に上手く行える内容で終わらせるべきです。トレーニングや騎乗に良い感触を得た状態で終わらせることは、人間にとっても良いことです。あなたはトレーニングを終わらせる段階で、特に上手にできる運動を選択して行うべきです。馬とあなたの両者が前向きな気持ちでトレーニングを終えられれば、あなたはまた一緒に運動に取り組むことを待ち遠しく感じるでしょう。

馬装の解除。

クールダウン

激しいトレーニングの後は、計画的にそして段階的に運動を終わらせることが重要です。このために少なくとも10分は割くべきです。クールダウンはトレーニングの最後の復習段階で手綱を譲ることで始まり、馬装を外すために厩舎に戻るときまで続きます。

もちろん手綱を伸ばした常歩で歩き回ることでクールダウンを行うことも可能ですが、これがすべてではありません。馬が元気であれば、クールダウンの中で手綱を伸ばした状態で速歩を軽く行うこともできます。ゆったりとリラックスした速歩は、後躯の厚い筋肉からたまった乳酸を取り除くのに役立ちます。特に激しい運動の後は、下馬して腹帯を緩めてから、終わりの５分間で馬場の周りを引き馬で歩くのも良いでしょう。

馬の体がとても熱くなっている場合には、分厚い筋肉を急に冷やしてはいけません（背中や腰の部分をエクササイズ・ラグやクールセンサー・ラグで覆い、馬の筋肉の熱がゆっくり逃げるように、背中や腰の部分をエクササイズ・シートやクーリング・シートで覆ってあげてください）。

つなぎ場での沈静。

グルーミング。

放牧。

運動後の手入れ

運動後の手入れは、次の日に馬があなたをどのように迎えるかに大きく影響します。もし馬体がまだ熱いうちに冷たい水を浴びせたら、馬は不快に感じ、筋肉も硬くなってしまいます。また長期的な管理の観点からも、ホースで水をかけて汗や土埃を落とすことは望ましくありません。濡れたり乾いたりを繰り返すことは、馬の蹄に大きなダメージを与えかねません。また馬の皮膚が頻繁に濡れ、完全に乾かない状態が続くと、皮膚病や皮膚の問題の原因になることもあります。

ほとんどの馬は水をかけられるよりも、乾いたタオルやバーラップ（平織りの麻布）での強いマッサージを好みます。馬を手入れして薄馬着や網馬着を着せた後、冬なら馬を風通しの良い場所に繋ぎ、夏なら直射日光の当たらない場所に繋ぐことで、馬を快適に乾かせます。馬が完全に乾いてからクシやブラシをしっかりとかけ、必要があれば掃除機で乾いた汗や抜けた被毛を取り除き、馬着や毛布を掛け、馬房や放牧場に返します。あなたが馬を返すときには、馬の額や頸に十分な愛撫をし、馬が良い働きをしたことを伝えて褒めてあげましょう。

エピローグ

馬の祖先であるエオヒップス（別名ヒラコテリウム）は5,500万年前に初めて地球上に現れたウマ科の動物です。DNAはまだ解明中ですが、少なくとも現代の馬である「エクウス・カバルス」は今日まで5,000年ほどの間飼育されてきたと言えます。

馬と人間の関係を考えるに当たって、イメージをしやすいように、私と一緒に30m×60mの馬場の中央に立つところを想像してください。入り口から視線を移動させていくと最初の角まで15mあり、それから長蹄跡の片方に沿って60m、奥の短蹄跡を30m、もう一方の長蹄跡を60m、そして入り口までの15m、あなたの視線は一周して180mを移動したことになります。これを馬の進化の5,500万年に重ね合わせてみましょう。

次にあなたの手の小指に目を向けてみてください。おそらく小指の幅は1.3cm程でしょう。現代の馬が飼育されてきた年月はちょうどこの小指の幅に対応します。

馬は人間のために多くのことに進んで取り組み、その課題の一つ一つを習得していきますが、私はいつもこの馬の適応力の高さに驚かされます。しかしそれ以上に私が馬に対して一目置くことは、馬の精神性と気質です。

私たちがこの特別な動物である馬と一緒に作業に取り組むとき、私たちが馬に寄り添って考えられるようになるほどに、すべての人と馬にとってより良い結果となるでしょう。

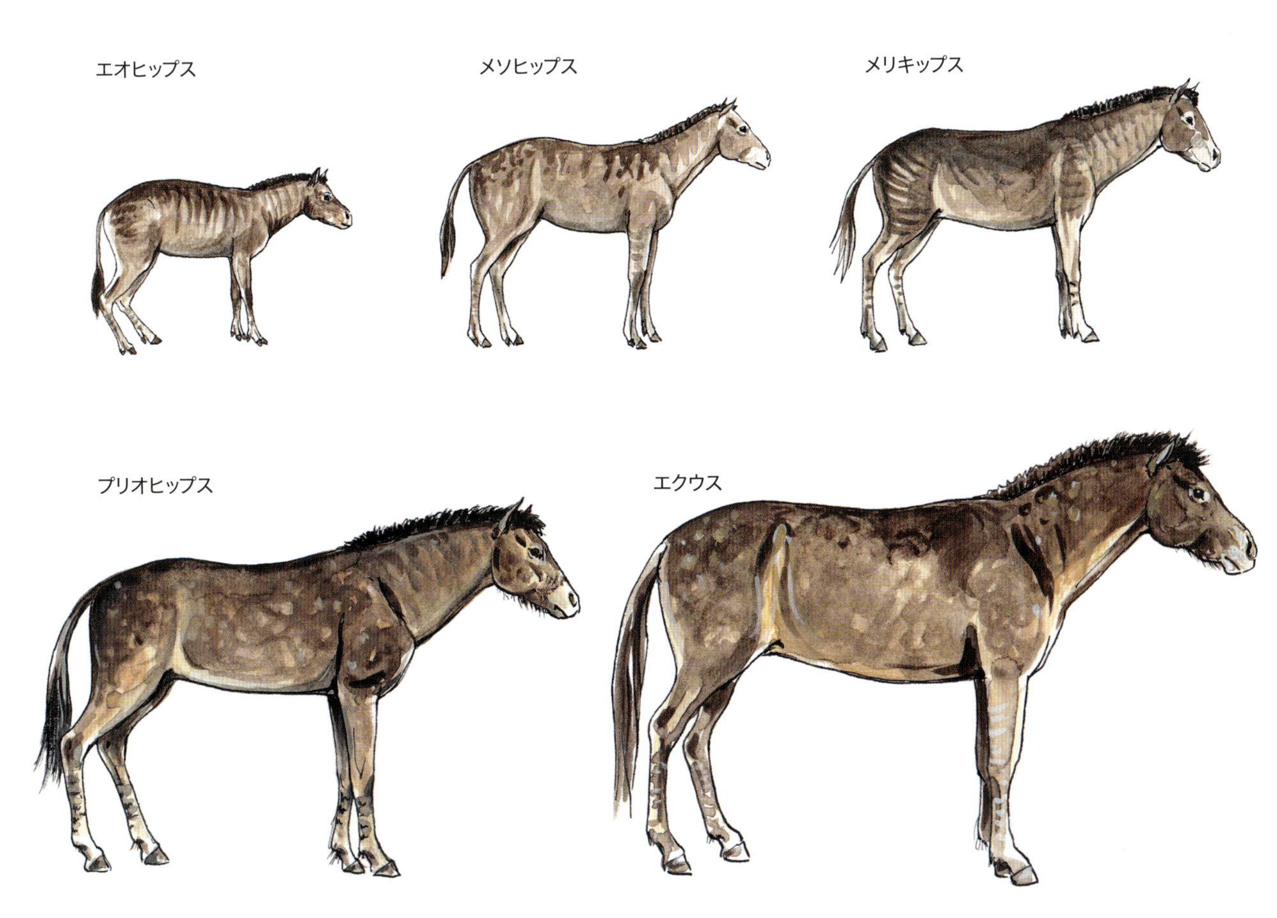

馬の部分

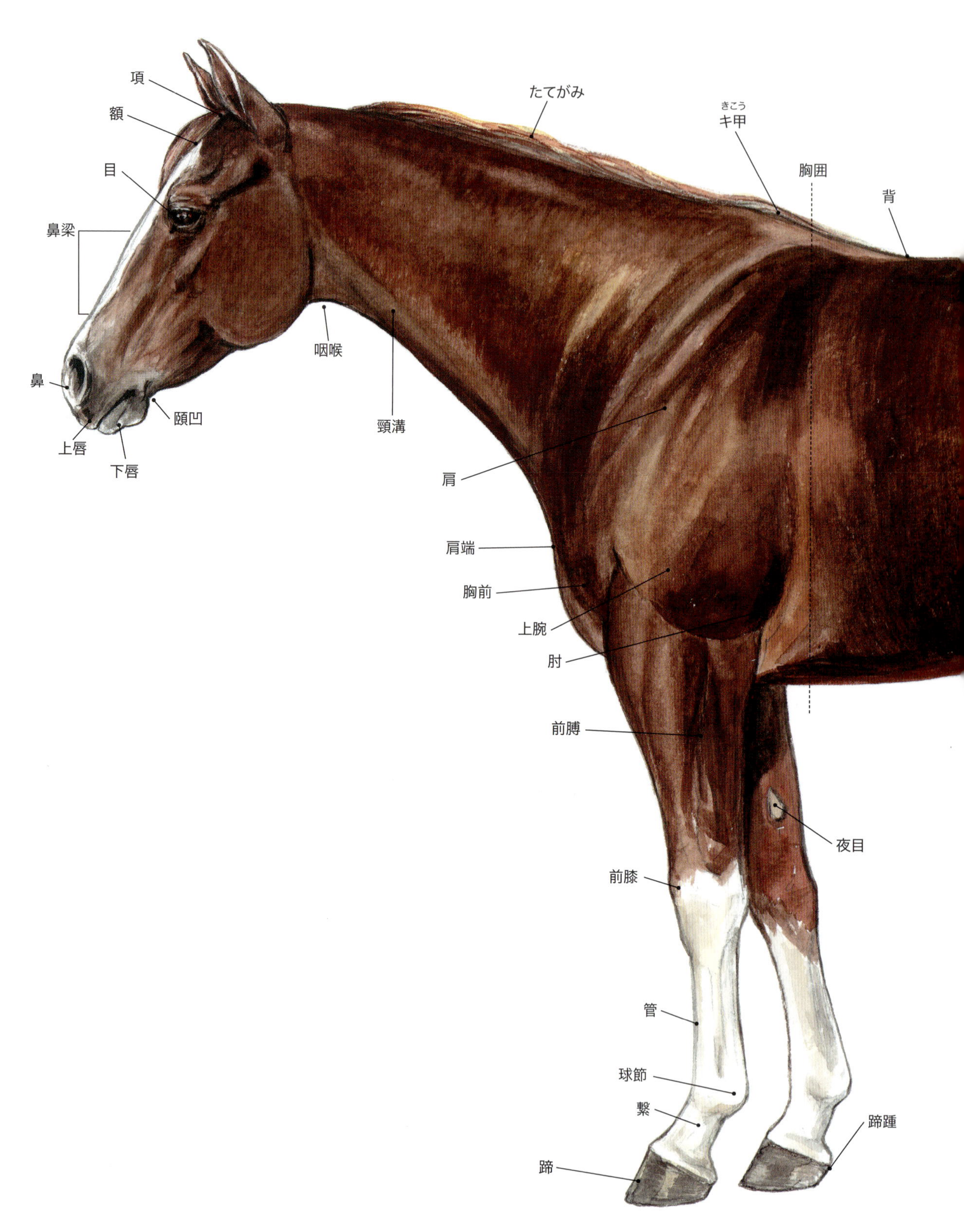

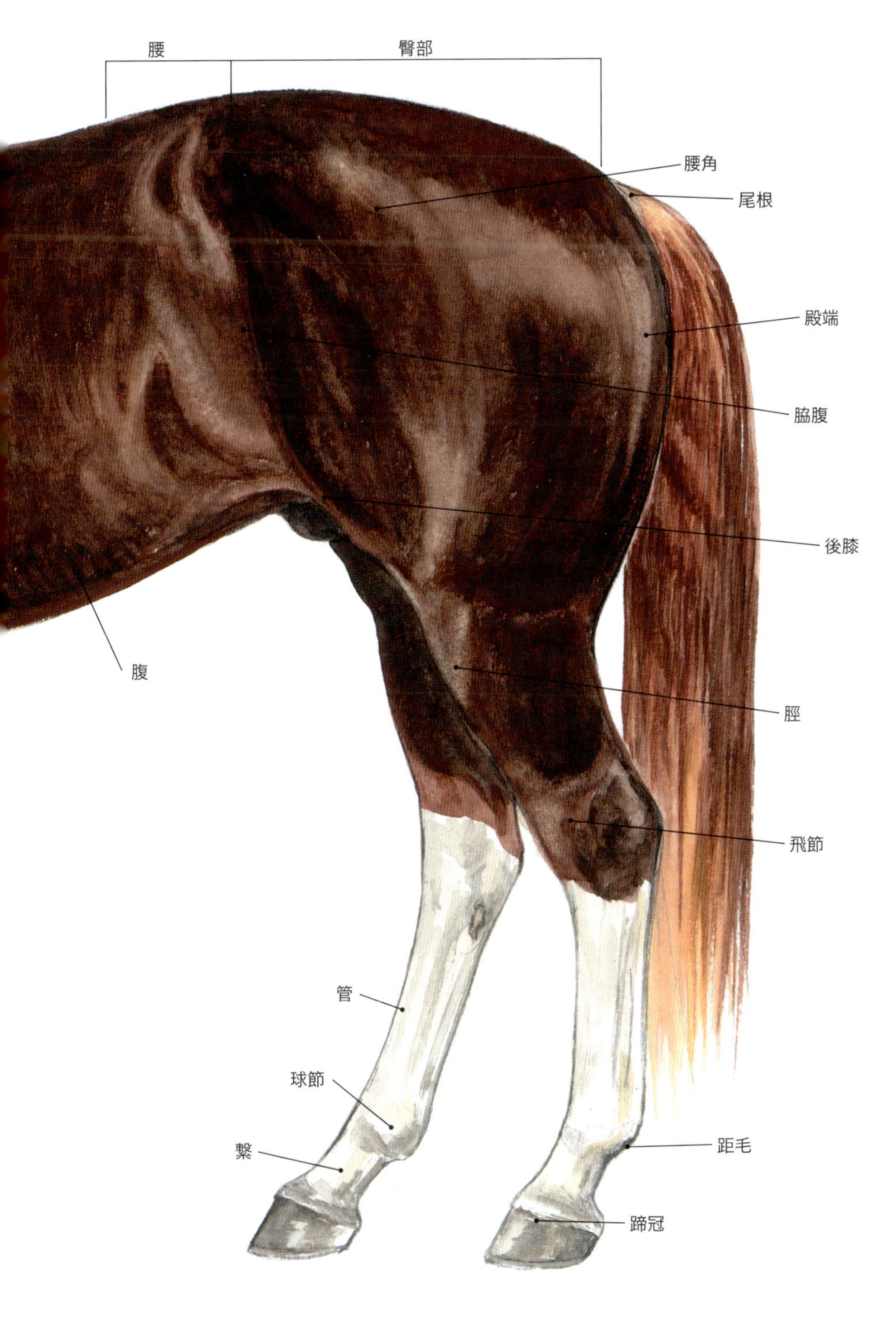
腰
臀部
腰角
尾根
殿端
脇腹
後膝
腹
脛
飛節
管
球節
繋
距毛
蹄冠

ボディランゲージ：より明確な合図を行うために

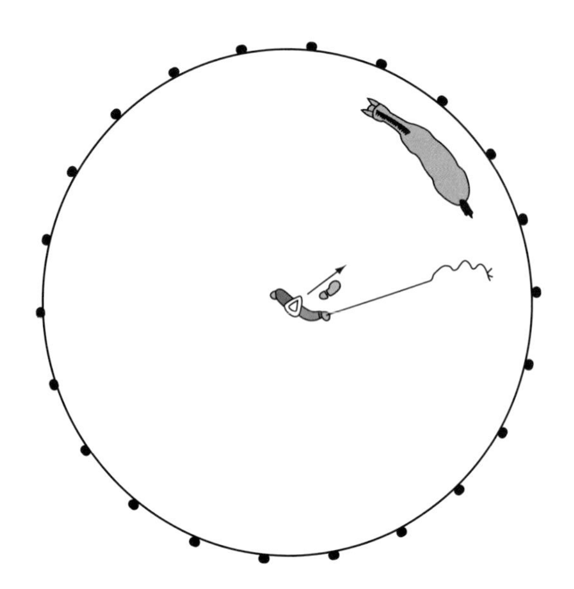

推進：馬の後躯に向かって推進の足（馬を左手前で追うときには右足）を踏み出すと同時に鞭を持ち上げ、“Walk on（ウォーク・オン）”と声をかける。

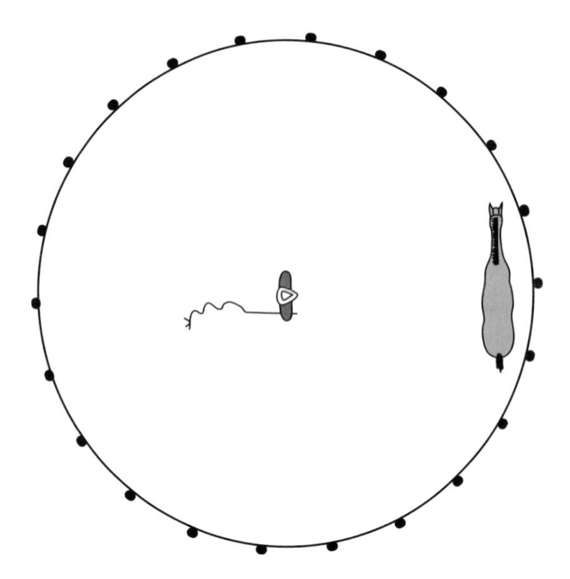

ニュートラル：鞭を体の後ろに向けて持ち、両腕を下ろす。両足に等しく体重をかけ、視線を下げて深く腹式呼吸を行う。

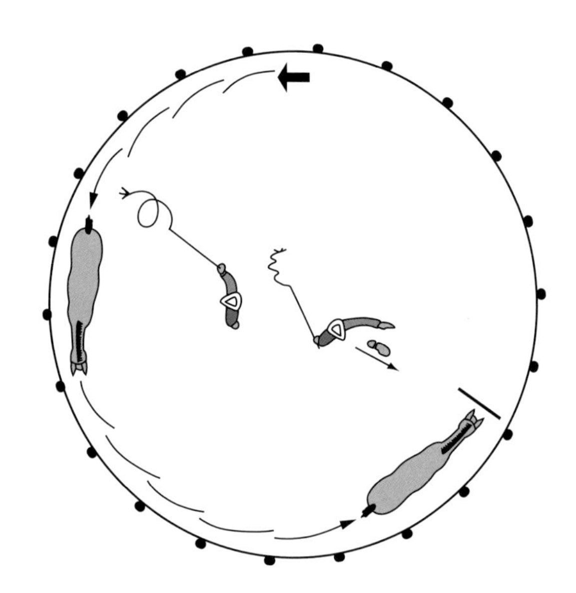

停止：馬の方に向かって阻止の足（馬が左手前のときには左足）を踏み出すと同時に鞭を体の後ろで下ろし、左腕を前に出しながら“Whoa（ホーラ）”と声をかける。

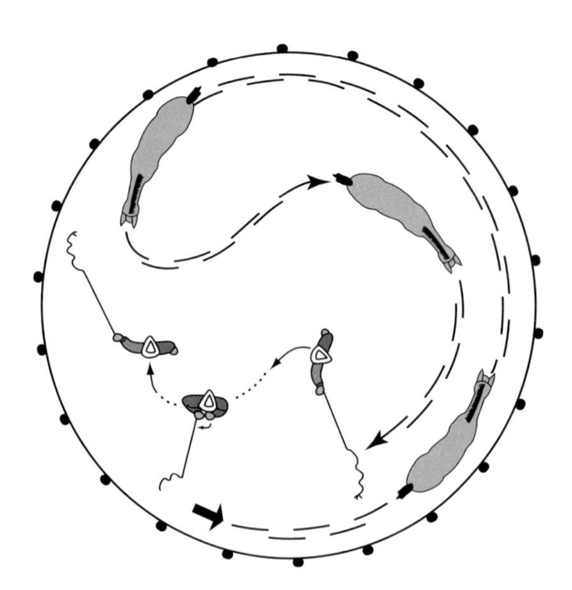

回転：馬が左手前のとき、後ろに下がりながら左へと移動し、その間に体の後ろで鞭を右手から左手に持ち替える。左へ向かって踏み出すと同時に鞭を持ち上げ、“Turn（ターン）”と声をかける。

用語解説（原文のアルファベット順）

異常行動 (aberrant behavior)　通常とは異なる行動である。「常動症」も参照のこと。

焦点調節 (accommodation)　異なる距離にある対象物に焦点を合わせる際の目の水晶体の調節機能。

鋭敏さ (acuity)　視覚の鋭さや鮮明さ。

順応 (adaptation)　新たな環境に適合するために行動を変化させること。視覚においては、目が様々な明るさに適応する能力を指す。

競争的な行動 (agonistic behavior)　順位制を維持するための社会的な相互作用。

扶助 (aid)　トレーナーや騎手が馬とコミュニケーションを行うための方法。自然な扶助は、心、声、手、脚、体（体重、騎座、背中）を指し、道具を使った扶助は無口や鞭や拍車や鎖を指す。

擬人観 (anthropomorphism)　人間以外の存在に対して人間の特徴を当てはめて考えること。

予知 (anticipation)　予想される刺激を受けるの前に反応を始めること。

態度 (attitude)　特定の状況への反射的な反応である一時的な行動。

悪習 (bad habit)　扱いや乗馬に対する望ましくない行動。

たじろぎ (balk)　動くことへの拒否。

群れ (band)　馬の小規模な生活集団。野生ではメス馬からなる繁殖群はハレム群と呼ばれる。独身オス群はオスの馬のみからなる。

厩舎からの分離不安 (barn-sour)　手を離すと急に馬房に駆け戻ってしまう癖が深刻な状態の馬を指す。「群れの絆」も参照のこと。

歯槽間縁 (bars of mouth)　門歯と臼歯の間で、骨がちで肉に覆われた部分であり、この部分で馬は馬銜をくわえる。

行動の修正 (behavior modification)　すでに身につけた行動を変化させる方法。

両眼視 (binocular)　同時に両目を使ってものを見ること。

仲間との絆 (buddy bound)　離れる不安から生じうる2頭の馬の間での強い絆を表す。

靭帯の制動 (check ligaments)　前足の停止機構の一部。

クラッキング (clacking)　仔馬が頭を下げて繰り返し口を開けたり閉じたりすることで示す服従的なジェスチャーであり、スナッピングやチャンピングとしても知られている。

古典的条件付け (classical conditioning)　トレーニングの目的として刺激と反応を結びつけること

閉所恐怖症 (claustrophobic)　閉じ込められることや混み合った場所に対する不快感や不安感。

冷血種 (cold-blooded)　軍用の重種や農耕馬を祖先に持つ馬。より太い骨や厚い皮膚、厚い被毛、毛深い距毛、低い赤血球とヘモグロビン値を特徴とする。

疝痛 (colic)　腹部の痛み。

雄の仔馬 (colt)　一般的に離乳から去勢されたり種馬に選ばれたりするまでの間の、若い去勢されていない雄馬。

指示 (cue)　馬に特定の行動を求める際の、合図やトレーナーの複合的な扶助。

雌親 (dam)　馬の母親。

順位 (dominance hierarchy)　序列。グループの中での個体ごとの社会的な順位。

世話行動 (epimeletic behavior)　世話や注意を与えること。

骨端 (epiphysis)　長い骨の端にある成長板。

エクウス (Equus)　馬の種類であり、現在の馬はエクウス・カバルスである。

世話要求行動 (et-epimeletic)　世話や注意を求めること。

扶助に対する反抗 (evasion)　扶助を避ける行為であり、馬銜のコンタクトを受け入れることを避けようとして、体を曲げたり、馬銜を巻き込んだりする。

消去 (extinction)　おこなっている行動を抑制するために、正の強化（報酬）を取り除くこと。

雌の子馬 (filly)　雌の仔馬。

フレーメン反応 (flehmen response)　においに対する反応の一つであり、馬は頭を上げ、上唇をめくり上げ、匂いを鋤鼻器官に送り込む。

逃走 (flight)　脱出したり走り去ったりすること。

暴露法 (flooding)　強く圧倒的な刺激を与える馴化方法。「馴化」も参照のこと。

仔馬 (foal)　若い雄馬や牝馬であり、一般的に 1歳未満のものを指す。

セン馬 (gelding)　去勢されたオス馬。

群居 (gregarious)　群れで社会的に生活すること。

馴化 (habituation)　刺激に対して繰り返し晒すことで、その刺激に対する馬の反応を低下させること。

群れ (herd)　年齢や性別の異なる馬が数多く集まったグループ。

群れからの分離不安 (herd bound)　馬が単独で群れから引き離される際に見られる分離不安であり、場合によっては放すと同時に群れに向かって逃走する悪習を身につけさせてしまう。

温血種 (hot-blooded)　サラブレッドかアラブを血統に持つ馬。骨が細く皮膚は薄く、被毛が細かく距毛は無く、赤血球が多くヘモグロビン値が高いという特徴がある。

刷り込み (imprinting)　若い馬が生後数時間の間に見せる急速な学習であり、種としての行動や絆を強化する。

不可聴音 (infrasound)　人間の可聴範囲を下回る周波数の様々な音であり、すなわち20Hz未満の音。

本能 (instinct)　生まれながらに備わっている本来的な知恵や行動。

知能 (intelligence)　人間の世界の中で生き残ったり、適応したりするための能力。

断続的な刺激 (intermittent pressure)　刺激を与え続けるのとは対照的に、扶助を断続的に使用すること。

潜在的学習 (latent)　実際にはまだ行動に表れないものの、理解はなされているという学習形態。

辺縁系 (limbic system)　大脳皮質の下にある脳の神経部分であり、中心には視床下部が位置し、海馬と扁桃体を含む。この部分は感情や動機や記憶、恒常性の調整機能を担っている。

1歳半 (long yearling)　1歳の秋頃の馬であり、一般的に生後18ヶ月となる。

胎便 (meconium)　胎児の腸内に溜まり、出生直後に排出される黒く粘性のある排泄物。

記憶力 (memory)　以前の体験や訓練を思い出す能力。

模倣 (mimicry)　相互模倣的な行動や他の馬の行動を真似て繰り返すこと。

モデリング (modeling)　観察学習や模倣。

単眼視 (monocular)　片目でものを見ること。

相互のグルーミング (mutual grooming)　絆で結ばれた2頭の馬同士で互いに首やキ甲や背中をかじること。

鼻甲介 (nasal turbinates)　鼻孔から肺へと通じる通路。

ニアサイド (near side)　馬の左側。

負の強化 (negative reinforcement)　行っている行動を促進させるために馬が嫌がる刺激を取り除くこと。

放浪生活 (nomadic)　歩き回ったり、うろついたりすること。

オフサイド (off side)　馬の右側。

嗅覚器官 (olfactory)　匂いを知覚する感覚器官。

ペアの絆 (pair bound)　好んで一緒にいることが多い2頭の馬であり、その絆はときに問題を引き起こすほどに強い。

乳頭 (papillae)　下の背面にあるひだや突起部であり、味蕾をもつ。

順位性 (pecking order)　階級制度や社会的地位。

フェロモン (pheromones)　動物が分泌する化学物質であり、同種の他の個体に特定の行動や生理的な反応を引き起こす。

項 (poll)　脊椎動物における頭蓋骨の接合部分であり、感覚や反射反応に重要な部分。

正の強化 (positive reinforcement)　行っている行動を促進させるために馬が喜ぶものを報酬として与えること。

関連づけの能力 (power of association)　行動や刺激とそれに対する反応を関連づけて認識する能力。馬は失敗を避け、報酬を手に入れようとするので、この能力は馬の調教における鍵となる。

自己受容性感覚 (proprioceptive sense)　体や体の一部の姿勢や位置、方向や動きを知覚する能力。

罰 (punishment)　行っている行動を止めさせるために、馬が嫌がるものを与えること。

相補的構造 (reciprocal apparatus)　後肢の姿勢保持の機構の一部。

反射反応 (reflex)　学習性ではない、刺激に対する本能的な反応

強化 (reinforcement)　食事や休憩という（生来的な）一次的な刺激と、褒め言葉や愛撫という（一次的な刺激と結びつけて学習された）二次的な刺激の結びつけを強くすること。

レム睡眠 (REM sleep)　素早い眼球の動きを伴う睡眠。一般的な睡眠サイクルの一段階であり、夢を見たり、素早い眼球運動や反射反応の消失、心拍数の上昇と脳の活動の活発化を含む様々な身体的変化を経験したりする。

反抗 (resistance)　指示に従うことへのためらいや拒否。

拘束 (restraint) 心理的、物理的、科学的方法によって行動や前進を妨げること。

馴致 (sacking out) 一般的にはためく物体に対して慣れさせる馴化。

季節型多発情性 (seasonally polyestrous) 毎年特定の繁殖期に複数の繁殖周期を持つこと。

セルフキャリッジ (self-carriage) 馬がバランスを保ったまま収縮し、活発で表現力が豊かな姿勢にあり、騎手からの扶助や指示がなくても、それらが自然に保たれていたり、高められていたりする状態。

分離不安 (separation anxiety) 絆で結ばれた個体同士が互いに触れたり見たりすることができない状態で神経質になる様子であり、厩舎からの分離不安や仲間との絆や群れの絆を引き起こす。

学習の向上 (shaping) 動きの形の漸進的な発達であり、理想的な動作の獲得を目指し続けること。

徐波睡眠 (slow-wave sleep) 深く、一般的に夢を見ない睡眠状態であり、デルタ波と自律神経の生理的な活動が低いことに特徴づけられる。ノンレム睡眠や正睡眠とも呼ばれる。

社会化 (socialization) 個体の発達と、その個体の行動が同種の他の個体との相互作用を通して発達すること。

怯え (spook) 驚くようなものや状況に遭遇した際に跳ねたり走ったりする反応。

驚きの反応 (startle response) その場で怯えること。

駐立機構 (stay apparatus) 関節を安定させ、馬が僅かな筋力で立つことを可能にする靭帯と腱の機構。

常動症 (stereotypies) 定期的に一定の動きを繰り返す異常行動。例としては齰癖や熊癖や身っ喰いがある。

ストレス寛容度 (stress tolerance level) 馬が（騒音や運動やトラウマなどの）ストレスにもはや耐えることができなくなる段階であり、突飛な行動を引き起こす。

強健 (substance) 骨密度が高いことや体が大きいというような体格の良さ。

乳獣 (suckling) 授乳期の仔馬。

不機嫌 (sullen) 不活発や反抗的な態度、内向的な姿勢。

しなやかさ (supple) 柔軟性。

気質 (temperament) 馬の振る舞いに見られる全体の一貫性。

超音波 (ultrasound) 人間の可聴範囲を上回る周波数の様々な音であり、すなわち 20kHzを超える音。

悪癖 (vices) 飼育されることや閉じ込められること、不適切な管理を受けることの結果生じる、望ましくない行動パターン。

音声による指示 (voice command) naturalな調教の扶助であり、使われる言葉や声の調子、大きさや抑揚には一貫性がなければならない。

ウォーク・ダウン・メソッド (walk-down method) 馬を捕まえる方法。小さな柵の中から始め、徐々に広い柵の中で行うようにする。馬の臀部や頭部に向かってではなく、常に馬の肩に向かって歩き、歩くよりも速くなってはならない。馬が立ち止まったらキ甲をこする。常に最初は馬の様子に合わせ、最後に馬に無口をかける。

離乳 (weaning) 仔馬の雌親からの自立であり、一般的に生後 4ヶ月から 6ヶ月におこる。

ウィリング (weanling) 性別を問わず、雌親から離れたが、まだ1歳に満たない若い馬を指す。

1歳馬 (yearling) 性別を問わず、誕生後に初めて1月1日からの1年間を迎える若い馬を指す。

推薦図書

あなたが興味を持つかもしれない他の本

Cherry Hill's Horsekeeping Almanac

あなたが良い習慣を確立し、最高の飼育者となる自然な手順を追うための直伝の指南書。

The Horse Behavior Problem Solver

どのようにして問題を解釈し、有効な解決法を発展させるかを読者に伝える、親切なQ＆Aの原典。

The Horse Training Problem Solver

基本的な調教理論と効果的な解決法と手軽なQ&A形式での戦略についての、人気シリーズの第三巻。

Knowing Horse

馬に乗る人と乗らない人の両者に向けて書かれており、親切なQ&A形式に馬の事実と扱い方が詰まっている。

Ride the Right Horse

あなたの馬の個性を学び、その強さに合わせて取り組むための必携本。

Storey's Guide to Training Horses, 2nd edition

それぞれの馬が独特であり、それぞれのペースで学習する必要があるという観点から書かれた、調教段階に必須の情報集。

What Every Horse Should Know

人馬のパートナーシップの可能性を最大限引き出すために、すべての馬が身につけなければならない技能を教えるための指南書。

Zen Mind, Zen Horse

人馬のコミュニケーションへの「気」を基盤とした精神的な原則と実用的な応用について著された本。

HOW TO THINK LIKE A HORSE
© 2006 by Cherry Hill
published by Storey Publishing LLC in the USA
Japanese translation rights arranged
with Storey Publishing LLC, North Adams, Massachusetts
through Tuttle-Mori Agency, Inc.,Tokyo

馬のきもち HOW TO THINK LIKE A HORSE
平成30年6月30日　第1刷発行
平成30年8月27日　第2刷発行
令和 4年3月24日　第3刷発行

著者:CHERRY HILL

監修:瀬理町芳隆　持田裕之
翻訳:杉野正和　河村修

発行人:亀井伸明

発行:株式会社エクイネット
〒176-0001 東京都練馬区練馬1-20-8 日建練馬ビル2階
電話:080-3217-1441
メール:info@equinet.co.jp

発売:株式会社メディアパル
〒162-0813 東京都新宿区東五軒町6-21
電話:03-5261-1171

デザイン・組版:榊原慎也
印刷所:株式会社シナノ

ISBN978-4-8021-3113-1 C0075